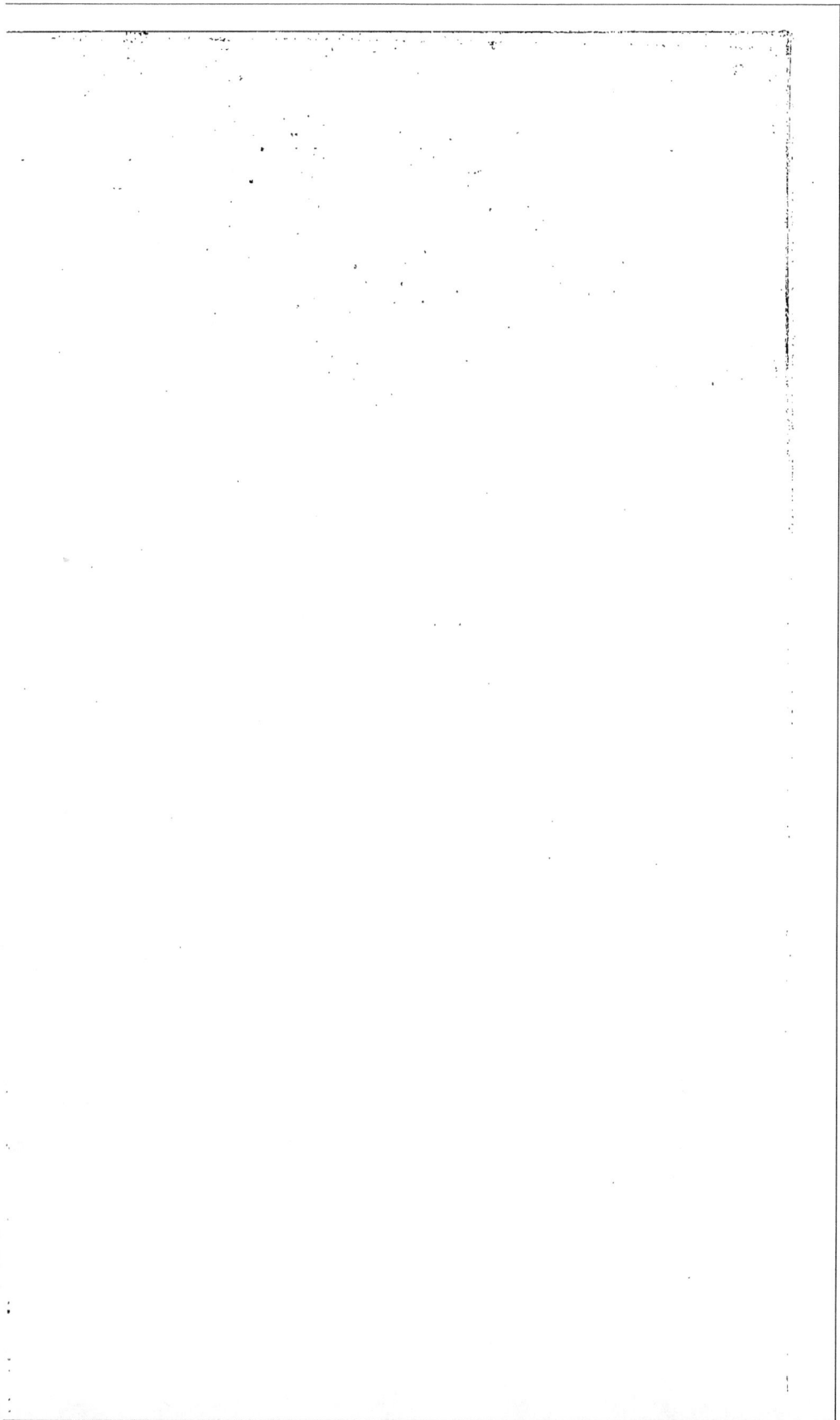

V

LEÇONS NOUVELLES

SUR LES APPLICATIONS PRATIQUES

DE LA

GÉOMÉTRIE ET DE LA TRIGONOMÉTRIE,

Par MM. Ch. BOURGEOIS et CABART,

ANCIENS ÉLÈVES DE L'ÉCOLE POLYTECHNIQUE.

DEUXIÈME ÉDITION.

Revue et corrigée, entièrement conforme aux Programmes officiels.

PARIS,

MALLET-BACHELIER, GENDRE ET SUCCESSEUR DE BACHELIER,

Imprimeur-Libraire

DU BUREAU DES LONGITUDES ET DE L'ÉCOLE IMPÉRIALE POLYTECHNIQUE,

Quai des Augustins, 55.

—

1857

PARIS. — IMPRIMERIE DE MALLET-BACHELIER,
rue du Jardinet, 12.

AVERTISSEMENT.

Cet ouvrage contient le développement des notions de *Géométrie pratique* que la réforme de 1852 a introduites dans l'enseignement scientifique des écoles secondaires, et qui sont exigées des *Candidats au Baccalauréat ès Sciences et à l'École Polytechnique*. Dans l'ordre et la division des matières les auteurs se sont strictement conformés aux *Programmes officiels*.

TABLE DES MATIÈRES.

CHAPITRE PREMIER.

LEVÉ DES PLANS.

CHAPITRE DEUXIÈME.

NOTIONS SUR LA REPRÉSENTATION GRAPHIQUE DES CORPS A L'AIDE DES PROJECTIONS.

CHAPITRE TROISIÈME.

NOTIONS SUR LE NIVELLEMENT ET SES USAGES.

CHAPITRE QUATRIÈME.

APPLICATION DE LA TRIGONOMÉTRIE RECTILIGNE AU LEVÉ DES PLANS.

CHAPITRE CINQUIÈME.

APPLICATION DE LA TRIGONOMÉTRIE RECTILIGNE AU LEVÉ DES PLANS.

FIN DE LA TABLE

LEÇONS NOUVELLES

SUR LES APPLICATIONS PRATIQUES

DE LA

GÉOMÉTRIE ET DE LA TRIGONOMÉTRIE.

CHAPITRE PREMIER.

(**Classe de troisième.**)

LEVÉ DES PLANS.

TRACÉ D'UNE DROITE SUR LE TERRAIN.

1. Cette opération consiste à marquer sur le sol, au moyen de *jalons,* un certain nombre de points de la trace du plan vertical conduit par deux points. L'ensemble des points ainsi déterminés forme un *alignement.*

2. Le *jalon* est une pièce de bois de forme prismatique, de $1^m,50$ à $1^m,60$ de longueur, terminée à l'une de ses extrémités par une pointe ferrée qu'on enfonce en terre, et munie à l'autre extrémité d'un signal apparent.

3. Pour former l'alignement passant par deux points A et B (*fig.* 2, *Pl. I*), on plante en ces points des jalons dont les directions soient verticales. L'*arpenteur* se place à une petite distance du jalon A, de manière que son œil soit dans le plan vertical déterminé par les arêtes des deux jalons A

et B, et un aide va porter un troisième jalon en un point désigné de la ligne AB. Quand il y est arrivé, il tient son jalon vertical, et, sur les indications de l'arpenteur, il parvient, après quelques tâtonnements, à le placer dans la direction des deux premiers. L'alignement est marqué de la même manière par une suite de jalons équidistants.

Pour prolonger l'alignement, il n'est pas nécessaire d'employer un aide : l'arpenteur, muni d'un jalon, se porte de sa personne au point qu'il veut marquer; il place le jalon verticalement, et, dirigeant suivant son arête un rayon visuel qui vienne affleurer les arêtes des deux jalons A, B, il l'enfonce en terre, et obtient ainsi un point de ce prolongement. Il peut, de la même manière, marquer autant de points qu'il veut.

Si la droite à *jalonner* est longue et si l'opération exige une grande précision, on se sert d'une lunette et l'on emploie des jalons munis de plaques percées de fentes parallèles à leurs arêtes. Dans l'axe des fentes est tendu un fil noir et fin destiné à assurer la visée. La lunette étant fixée en A, de manière que son axe rencontre le fil du jalon B, on plante successivement de B vers A des jalons dont les fils soient dans le plan vertical conduit par l'axe de la lunette et le premier jalon. L'alignement est ainsi déterminé.

La manière d'opérer est la même, que le terrain soit horizontal ou incliné, uni ou inégal : dans tous les cas, il faut avoir soin d'employer un nombre de jalons assez grand pour que la direction de la ligne jalonnée soit suffisamment indiquée.

4. *Intersection de deux droites.* — Pour marquer sur le terrain le point de rencontre de deux droites AB, CD, dont les extrémités sont jalonnées (*fig. 3, Pl I*), l'arpenteur se place en A et vise dans la direction AB; puis un aide,

porteur d'un jalon, marche de C vers D, et s'arrête sur un signe de l'arpenteur, au moment où le jalon qu'il porte est dans l'alignement AB. On vérifie la position de ce jalon sur les deux alignements, et on le distingue par un signal particulier.

MESURE D'UNE PORTION DE DROITE AU MOYEN DE LA CHAÎNE.

5. La *chaîne d'arpenteur* sert à mesurer les distances sur le terrain; elle se compose (*fig.* 36, *Pl. II*) de chaînons, en gros fil de fer, réunis par des anneaux, et se termine par deux poignées qui sont comprises chacune dans la longueur du chaînon extrême. La longueur de chaque chaînon est de 20 centimètres; la longueur totale de la chaîne est de 10 ou 20 mètres. Les mètres sont indiqués par des anneaux de cuivre qui se succèdent de cinq en cinq; un anneau plus gros que les autres marque le milieu de la chaîne. Avant de se servir de la chaîne, il est très-important de vérifier sa longueur et celle de ses diverses parties, à l'aide d'un mètre *étalon* (*).

6. Pour mesurer une ligne avec la chaîne, il faut deux chaîneurs qui prennent les noms de *premier* et de *second* chaîneurs. Le *second* chaîneur marche en avant; il est muni de dix fiches en fer (*fig.* 37, *Pl. II*) terminées à une extrémité par une pointe, et à l'autre extrémité par un anneau. Elles servent à marquer les poses successives de la

---

(*) Les chaînes s'allongent sensiblement par l'usage; telle chaîne, dont la longueur était exactement de 10 mètres au moment de sa confection, aura de 10m,15 à 10m,20 lorsqu'elle aura fait un service prolongé. Il est donc indispensable, pour chaîner exactement, de vérifier la chaîne avant chaque opération, et de tenir compte de la variation reconnue.

chaîne. Le *premier* chaîneur tient la poignée *arrière* de la chaîne, et dirige les mouvements du second.

Soit AB la ligne à mesurer; elle a été jalonnée et nous la supposerons d'abord tracée sur un terrain horizontal. Le premier chaîneur place l'extrémité arrière de la chaîne sur le point de départ A. Le second, tenant à la main l'autre extrémité, se déplace dans la direction de l'alignement; il a la précaution, en dépliant la chaîne, de vérifier si les anneaux et les chaînons ont leur position normale. Après cette vérification, la chaîne est tendue dans la direction de l'alignement, et le second chaîneur enfonce une fiche dans l'intérieur de sa poignée. Alors les deux chaîneurs relèvent la chaîne et se mettent en marche jusqu'à ce que le premier chaîneur soit arrivé auprès de la fiche laissée par le second; la chaîne est de nouveau tendue horizontalement, à partir de ce point, dans la direction de la ligne AB, et de manière que la première poignée touche extérieurement la fiche; le second chaîneur plante une deuxième fiche, et le premier enlève la fiche laissée par le second. L'opération se continue ainsi jusqu'à ce que le second chaîneur ait planté ses dix fiches. Alors, en supposant qu'il s'agisse d'une chaîne de 10 mètres, la distance mesurée est de 100 mètres. Si la ligne à mesurer se prolonge, le premier chaîneur remet au second les dix fiches pour continuer l'opération.

Chaque *échange* de fiches constitue une *portée*. On note avec soin les portées sur un carnet; car dans cette opération, si simple qu'elle soit, on serait exposé à commettre des erreurs si l'on se fiait à la mémoire des chaîneurs.

7. Lorsqu'on arrive à la fin de la mesure, l'extrémité de la chaîne dépasse généralement le point B; on compte le nombre entier de chaînons compris en deçà de B, et l'on évalue à vue la fraction excédante: ou, si l'on veut opérer

avec plus de précision, on se sert d'un double décimètre gradué.

Supposons que dans la mesure d'une ligne il y ait eu trois échanges de fiches, que le second chaineur ait dans la main six fiches à la fin de l'opération, et que dans la dernière portion de chaîne employée, il y ait sept chaînons plus une longueur évaluée à 17 centimètres ; la longueur de la ligne sera

$$100^m \times 3 + 10^m \times 6 + 0^m,2 \times 7 + 0^m,17 \quad \text{ou} \quad 361^m,57.$$

8. Lorsque le terrain sur lequel on opère est incliné ou inégal et qu'on veut avoir la longueur effective de la distance des points A et B, on a égard aux changements de pente qui peuvent se présenter en faisant tendre la chaîne parallèlement au sol par chaîne ou par fractions de chaîne, quand cela est nécessaire. Mais le plus souvent, lorsque le terrain sur lequel on opère n'est pas horizontal, ce n'est pas la distance effective des points A et B qu'il importe de connaître, mais bien la projection de la droite qui joint ces points sur le plan horizontal qui passe par l'un d'eux. Pour l'obtenir, on tend la chaîne dans une direction sensiblement horizontale entre le premier point et le fil à plomb suspendu dans la verticale du second (*fig.* 10, *Pl. I*). On a ainsi la longueur AB *réduite à l'horizon*.

9. On fait quelquefois usage, pour mesurer les distances, de doubles ou de quadruples mètres que l'on place bout à bout; mais ce procédé n'est guère employé que pour le levé des détails de constructions.

LEVÉ AU MÈTRE.

10. Lever un polygone figuré sur le terrain, c'est déterminer les côtés et les angles de ce polygone, de manière à pouvoir ensuite tracer sur le papier un polygone sem-

blable. Le levé d'une courbe se ramène aisément au levé d'un polygone : on inscrit dans la courbe un polygone dont les sommets soient suffisamment rapprochés, on fait le levé de ce polygone, et, quand il est rapporté sur le papier, on joint ses sommets par un trait continu.

11. Le seul instrument que l'on emploie, pour le *levé au mètre*, est la chaîne, ou simplement le double ou quadruple mètre. Supposons qu'on ait à lever le polygone ABCDEF (*fig.* 4, *Pl. I*). On mesurera d'abord les côtés AB, BC, etc., de ce polygone; puis, à partir du sommet A, on prendra sur les côtés AF et AB deux longueurs AA′, AA″, de 10 mètres par exemple, et l'on mesurera A′A″. On connaîtra ainsi les trois côtés du triangle AA′A″; la construction d'un triangle semblable donnera donc l'angle BAF du polygone. La même opération, faite à chacun des sommets, fera connaître les autres angles du polygone, et donnera tous les éléments nécessaires pour construire sur le papier un polygone semblable.

Pour relever un point tel que M, situé hors du polygone ou dans son intérieur, on joindra ce point aux extrémités de l'un des côtés du polygone, AB par exemple, et l'on relèvera, d'après le même procédé, les côtés AM et BM du triangle ABM.

TRACÉ DES PERPENDICULAIRES. USAGE DE L'ÉQUERRE D'ARPENTEUR.

12. Pour tracer sur le terrain une perpendiculaire à une droite, on se sert d'un instrument nommé *équerre d'arpenteur*.

L'équerre d'arpenteur la plus simple se compose de deux règles assemblées à angle droit : aux deux extrémités de chaque règle sont deux aiguilles perpendiculaires au plan de la règle et alignées avec son centre. On fixe cet assemblage à l'extrémité d'un piquet qu'on enfonce dans le sol.

On remplace avec avantage cet instrument par un autre plus précis qui est formé d'un cylindre creux (*) en cuivre A (*fig.* 42, *Pl. II*), percé de quatre fentes longitudinales placées deux à deux dans deux plans diamétraux rectangulaires. Ces fentes sont très-étroites ; elles sont terminées à leurs parties supérieures par des ouvertures circulaires d'un diamètre un peu plus grand que leur largeur. L'instrument s'emmanche sur un piquet par une douille B.

13. Pour élever en un point d'une droite une perpendiculaire à cette droite, au moyen de l'équerre, on enfonce en ce point le pied de l'instrument, on établit sa verticalité, puis on fait tourner la douille jusqu'à ce que les deux aiguilles d'une même règle ou les deux fentes d'un même plan diamétral soient alignées sur les jalons des extrémités de la ligne. Les deux aiguilles de la seconde règle ou les deux fentes du second plan diamétral détermineront la perpendiculaire. On pourra facilement la jalonner. Les ouvertures circulaires permettront à l'arpenteur de juger du sens dans lequel il devra tourner l'équerre pour la mettre en position, et de guider les mouvements du jalonneur (**).

14. L'équerre d'arpenteur sert encore à trouver le pied

(*) On donne quelquefois à l'équerre d'arpenteur la forme d'un prisme droit à huit pans égaux (*fig.* 14, *Pl. 1*). Des fentes qui se correspondent sont pratiquées aux huit faces du prisme : quatre de ces fentes, placées deux à deux dans des plans rectangulaires, ont la forme des pinnules à œilleton du graphomètre, et portent des fils ; les quatre autres sont de simples traits de scie rectilignes surmontés d'une ouverture ronde.

(**) Pour vérifier l'équerre, on la fera tourner jusqu'à ce que les deux pinnules dirigées suivant l'alignement coïncident avec la perpendiculaire qu'on vient de tracer ; si l'équerre est juste, les deux autres pinnules coïncideront avec l'alignement.

de la perpendiculaire abaissée d'un point sur une droite. Pour cela, on place la pointe du piquet qui porte l'équerre en un point de cette droite, de manière que ce piquet soit bien vertical, on fait tourner l'instrument jusqu'à ce que, par deux fentes opposées, on voie les jalons plantés aux extrémités de la droite ; puis on le transporte parallèlement à lui-même, jusqu'à ce que le jalon planté au point par lequel on veut mener la perpendiculaire soit vu par les deux autres fentes. Le pied du piquet, dans cette position de l'instrument, est le point cherché.

15. Ces procédés pratiques trouvent leur application dans le levé des polygones ou des courbes. Supposons qu'il s'agisse d'abord du polygone ABCDE (*fig.* 17, *Pl. I*) ; on abaissera des perpendiculaires des différents sommets de ce polygone sur l'une des diagonales, AC par exemple, on mesurera les longueurs Bb, Dd, Ee de ces perpendiculaires, ainsi que les distances Ab, Ad, Ae, AC, et l'on pourra construire un polygone semblable au polygone tracé sur le sol.

On pourrait encore, pour lever le polygone ABCDE, mesurer les distances de ses sommets à deux droites perpendiculaires entre elles, ou les longueurs des perpendiculaires abaissées des différents sommets sur une droite, et les distances des pieds de ces perpendiculaires à un point pris sur la droite.

16. Pour lever une courbe avec l'équerre d'arpenteur, on incrit dans la courbe (*fig.* 16, *Pl. 1*) un polygone ABCDE ; on fait le levé de ce polygone, et l'on détermine les longueurs des flèches de différents arcs. Les points ainsi déterminés suffisent en général pour tracer la courbe sur le plan avec une approximation satisfaisante. S'ils ne suffisaient pas, on prendrait sur chaque arc d'autres points dont on mesurerait les distances à la corde.

17. Lorsqu'on ne peut pas pénétrer dans l'intérieur du terrain qu'il s'agit de lever, dans le cas d'une pièce d'eau par exemple, on opère de la manière suivante : On trace un polygone ABCDE (*fig.* 15, *Pl. I*) qui enveloppe de toutes parts le terrain, puis on fait le levé de ce polygone. Les différents points M, N, etc., du contour qui limite le terrain se lèvent en menant par chacun d'eux des perpendiculaires M*m*, N*n*, etc., sur les côtés AB, BC, etc., du polygone ; on mesure ces perpendiculaires et les distances *m*A, *n*B, etc., de leurs pieds aux sommets A, B, etc.

MESURE DES ANGLES AU MOYEN DU GRAPHOMÈTRE.
DESCRIPTION ET USAGE DE CET INSTRUMENT.

18. Le *graphomètre* se compose d'un limbe demi-circulaire A (*fig.* 38, 39, *Pl. II*) de 10 à 30 centimètres de diamètre, muni de deux niveaux à angles droits, et de deux *alidades à pinnules :* l'une fixe, C, dirigée suivant le diamètre du limbe et faisant corps avec lui ; l'autre, B, mobile autour du centre du limbe et située dans son plan ; l'alidade mobile porte des verniers à ses extrémités.

19. On nomme *pinnule* (*fig.* 40, *Pl. II*) une plaque rectangulaire de métal portant dans le sens de sa longueur deux fentes situées l'une au-dessus de l'autre. L'une de ces fentes, qui est très-étroite, est appelée *œilleton ;* l'autre, assez large, est nommée *fenêtre.* Un fil très-fin, tendu suivant l'axe longitudinal de la pinnule, divise la fenêtre en deux parties égales.

20. L'*alidade à pinnules* (*fig.* 41, *Pl. II*) est une règle portant à ses extrémités deux pinnules perpendiculaires à son plan et parallèles entre elles. Les fentes de ces pinnules sont dans un plan parallèle à l'arête de la règle. Dans l'une d'elles, l'œilleton est à la partie inférieure ; dans l'autre, au

contraire, la fenêtre est en bas, et l'œilleton occupe la partie
supérieure. Par cette disposition, on aperçoit le fil de l'une
des fenêtres en approchant son œil de l'œilleton correspondant; la direction du rayon visuel prend le nom de
ligne de visée.

21. Le limbe du graphomètre (*fig.* 39, *Pl. II*) porte une
double graduation en demi-degrés de o à 180 degrés, et de
180 à o. Les pinnules c, c' de l'alidade fixe sont disposées
de manière que la ligne des deux points du limbe marqués o
soit dans le plan des fils. La ligne des o des verniers doit
être située dans le plan des fils des pinnules de l'alidade
mobile.

Le limbe est fixé, par son centre a (*fig.* 38, *Pl. II*), à une
tige f qui traverse à frottement une sphère g. Cette sphère
est embrassée par deux coquilles h que l'on peut rapprocher,
au moyen d'une vis i, de manière à la fixer. Cet assemblage
porte le nom de *genou à coquilles*; il est terminé par une
douille r, dans laquelle s'emmanche l'axe M du trépied.

22. Dans les graphomètres que l'on construit maintenant, le genou à coquilles est remplacé généralement par le
genou à la Cugnaut (*fig.* 7, *Pl. I*). Ce genou se compose
de l'assemblage de deux charnières à boulons dont les axes
AA, BB sont croisés à angle droit. Les *lunettes fixes* CC de
la première charnière font suite à la douille R ; elles sont
assemblées à la lunette mobile D qu'elles embrassent, au
moyen d'un boulon à vis qui les traverse à frottement
toutes trois, et qui porte un écrou mobile servant à ser-
rer la lunette mobile entre les deux autres et à la fixer. La
lunette fixe E de la seconde charnière fait corps avec la
lunette mobile D de la première et est embrassée par les
lunettes mobiles FF fixées au plateau O qui porte le
limbe. Un boulon à vis traverse les trois lunettes F. E, F.

Le genou à la C: offre plus de stabilité que le genou à coquilles; de là la préférence qu'on lui accorde aujourd'hui.

23. Pour mesurer l'angle AOB (*fig.* 11, *Pl. I*) formé par les rayons visuels menés d'un point O à deux objets A et B, on dispose le graphomètre de manière que son centre C soit sensiblement sur la verticale qui passe par le sommet O de l'angle. A cet effet, on place l'instrument à peu près dans cette position, puis on suspend un fil à plomb suivant l'axe du trépied : si ce fil passe par le point O, l'instrument est convenablement établi; dans le cas contraire, on rectifie sa position par de petits déplacements. Ensuite, à l'aide du genou, on incline le limbe de manière que son plan passe par les objets A et B; si, dans ce mouvement, le centre du limbe se déplace, on néglige comme insensible l'erreur qui en résulte. Alors, on fait tourner le limbe dans son plan, jusqu'à ce que la ligne de visée de l'alidade fixe passe par l'un des objets A ou B, puis on amène la ligne de visée de l'alidade mobile à passer par le second objet; l'arc du limbe compris entre son zéro et le zéro du vernier donne la mesure de l'angle ACB. On prend cet angle pour l'angle AOB, car la distance OC est généralement très-petite.

24. Pour mesurer la projection horizontale d'un angle AOB, formé par les rayons visuels menés d'un point O à deux objets A et B, on place l'instrument de manière que son centre soit sur la verticale qui passe par le sommet O de l'angle : pour cela on opère comme il a été indiqué au numéro précédent; puis, à l'aide du genou et du niveau, on amène le limbe à être horizontal. On fait tourner le limbe dans son plan jusqu'à ce que la ligne de visée de l'alidade fixe passe par l'un des objets A ou B; ce qui est généralement possible, car les pinnules ont assez de saillie au-dessus du limbe pour que la ligne de visée puisse prendre une certaine inclinaison ; enfin, on amène la ligne de visée de l'alidade mobile à passer par le second objet. L'arc du limbe compris entre son zéro et le zéro du vernier donne la mesure de la projection de l'angle AOB sur un plan horizontal ou l'angle AOB *réduit à l'horizon*.

25. Les mesures précédentes sont généralement entachées d'erreurs qui proviennent soit des imperfections de l'instrument, soit de la manière d'opérer ; il est important avant d'employer un graphomètre de reconnaître le degré d'approximation auquel il permet d'atteindre. Pour cela on mesure les trois angles d'un triangle, on en fait la somme et l'on prend pour erreur moyenne de chacun des angles le tiers de la différence entre 180 degrés et la somme des angles mesurés.

On peut aussi, pour ne pas changer de station, placer l'instrument en un point d'où l'on découvre cinq ou six points remarquables ; mesurer les angles consécutifs formés par les rayons visuels menés à ces points et en faire la somme. La différence entre cette somme et 360 degrés divisée par le nombre des angles donne encore le degré moyen d'approximation avec lequel chaque angle a été mesuré.

On doit rejeter comme défectueux tout instrument qui ne donne pas une approximation d'*une minute*.

26. *Levé des plans au moyen de la chaîne et du graphomètre.* — La mesure des lignes sur le terrain exige plus de temps et offre plus de difficultés que la mesure des angles ; aussi, dans le levé des plans, ne mesure-t-on jamais directement qu'une seule ligne, qui est dite la *base*. La connaissance de cette base suffit pour effectuer le levé lorsqu'on peut disposer d'un graphomètre ou de tout autre instrument destiné à la mesure des angles. Mais ceci a besoin d'être expliqué avec détails.

27. Le plan ou la carte d'un terrain, d'une ville, est un dessin reproduisant les contours et les diverses particularités remarquables qu'ils présentent, telles que maisons, jardins, rivières, etc. L'ensemble des opérations nécessaires pour construire ce dessin constitue le *levé du plan*. Pour effectuer ce levé, on commence par choisir un certain nombre de points qu'on marque par des signaux, et qui forment une figure polygonale. On imagine que tous ces points soient réunis par des droites de manière à former un réseau de triangles, puis on mesure les éléments nécessaires à la détermination complète de ces triangles. Enfin on construit sur le papier une figure semblable à celle qui est formée par les triangles sur le terrain (*). Cette première opération terminée, le terrain est *saisi*, et il ne reste plus qu'à grouper les détails autour des différents côtés des triangles rapportés.

Si l'on a mesuré avec la chaîne l'une des droites qui forment le réseau dont on vient de parler, et avec le graphomètre tous les angles des triangles, on aura les éléments nécessaires pour leur complète détermination. Mais dans le choix des points qui doivent faire partie du réseau, il faut apporter quelque attention de manière à n'avoir que de *bons* triangles, c'est-à-dire des triangles dont aucun angle ne soit très-aigu. Il est facile de voir, en effet, qu'un point est mal déterminé quand il est donné par l'intersection de deux lignes qui se coupent sous un très-petit angle ; car une légère erreur dans l'évaluation de l'angle peut pro-

---

(*) On suppose ici que tous les objets sont situés sur un même plan horizontal. S'ils n'y étaient pas, les figures de la carte ne devraient pas être semblables aux figures formées sur le terrain, mais aux projections de ces figures sur un plan horizontal. Les éléments du tracé seraient alors les *longueurs réduites à l'horizon* déterminées comme il a été dit au n° 8, et les *angles réduits à l'horizon* mesurés comme il a été expliqué au n° 24.

duire une erreur très-appréciable sur la situation du point.
Voici comment il faut procéder pour former un réseau de
triangles.

28. Après avoir étudié le terrain qu'on se propose de lever, on choisit un point central O (*fig.* 21, *Pl. I*) qui puisse
être aperçu de loin, comme la pointe d'un clocher, ou un
signal placé sur un bâtiment élevé, ou même une simple
perche munie d'un signal, si le terrain est découvert. On
prend ensuite, en deçà des limites du levé, cinq ou six
points ou plus, A, B, C, D, E, F, desquels on puisse voir
le point O, et tels, que les triangles ABO, BCO, etc.,
soient avantageux. Il faut aussi que l'un des côtés du polygone ABCDEF, AB par exemple, puisse être mesuré directement et pris pour la base.

Le côté AB du polygone étant connu, et les sommets du
polygone marqués à l'aide d'une perche ou d'un signal
quelconque, on stationne successivement en chacun de ces
sommets. Au point A on mesure les angles OAF et OAB,
au point B les angles OBA et OBC, etc., enfin au dernier
sommet F les angles OFE et OFA. De ces mesures on conclut facilement chacun des angles en O, qu'il est inutile
de mesurer directement, pourvu que les angles observés
aient été déterminés avec une exactitude suffisante. On s'assure de cette exactitude en additionnant tous les angles
observés et comparant leur somme avec celle des angles du
polygone qui est connue d'avance. La différence entre les
deux sommes, divisée par le double du nombre des côtés du
polygone, forme l'erreur moyenne des observations. Lorsque cette erreur moyenne surpasse celle qu'on doit attendre
de l'instrument employé, il faut recommencer l'opération;
dans le cas contraire, on peut considérer les observations
comme exactes et se dispenser de la mesure des angles en O;
mais alors on corrige les angles observés en augmentant ou

diminuant chacun d'eux de l'erreur moyenne dont nous venons de parler.

Ces mesures suffisent pour déterminer les différents côtés du polygone ABCDEF, ainsi que les lignes AO, BO,..., FO.

Ce premier réseau de triangles constitue ce que l'on nomme le *canevas principal*. Tous ses côtés pourront servir à leur tour de base pour relever d'autres points, et, comme ils rayonnent dans des directions diverses, ils se prêteront aisément à la formation de triangles avantageux. Ainsi on relèvera les points G et H en les rattachant au côté AB par la mesure des angles en A et en B des triangles ABG et ABH; les points I et K, en les rattachant de même aux côtés CD et ED respectivement. Enfin, les côtés de ces triangles secondaires, déterminés à l'aide des mesures précédentes, pourront eux-mêmes servir de bases; on relèvera, par exemple, les points J et L en les rattachant aux côtés ID et EK.

RAPPORTER LE PLAN SUR LE PAPIER. ÉCHELLE DE RÉDUCTION.

29. Pour rapporter le plan sur le papier, on se sert de plusieurs instruments qui sont : la *règle*, l'*équerre*, le *rapporteur* et le *compas*.

La règle sert à tracer les lignes droites. Pour vérifier si une règle est bien dressée, on la place sur le papier, et, avec un crayon très-fin, on marque la trace de son arête ; on retourne la règle bout pour bout, on fait passer la même arête par deux points marqués sur la ligne qu'on a tirée, et l'on trace une nouvelle ligne. Si les deux traits coïncident, la règle est exacte.

30. L'équerre se compose de deux règles assemblées à angle droit, ou d'une pièce de bois ayant la figure d'un

triangle rectangle; elle sert à mener une parallèle ou une perpendiculaire à une droite. On vérifie comme pour les règles, que les arêtes de l'équerre sont bien dressées. Pour vérifier si une équerre est exacte, on élève avec cette équerre une *perpendiculaire* à une droite, et l'on examine si l'angle droit de l'équerre coïncide avec les deux angles adjacents ainsi formés.

Pour mener par un point C une parallèle à une droite AB, on fait coïncider l'un des côtés de l'équerre avec AB, puis on applique une règle sur l'un des deux autres côtés, on la maintient fixe, et l'on fait glisser l'équerre le long de son arête, jusqu'à ce que le côté qui coïncide avec AB vienne passer par le point C : la trace de ce côté dans sa position actuelle est la parallèle cherchée.

31. Le rapporteur est un demi-cercle en cuivre (*) ou en corne transparente, terminé, dans le sens de son diamètre, par une petite bande rectangulaire faisant l'office de règle. Le limbe porte une division en demi-degrés. Deux rangées de chiffres allant en sens contraires marquent les degrés de dix en dix. On emploie le rapporteur pour faire en un point et avec une droite un angle donné en degrés. Pour cela, on place le rapporteur de manière que son centre et l'extrémité de l'arc qui comprend le nombre de degrés soient sur la droite, et que le bord de la règle passe par le point. Le trait tiré contre la règle dans cette position donne le second côté de l'angle. Lorsque l'angle qu'il s'agit de construire n'est pas donné en degrés, mais qu'un angle égal se trouve déjà tracé sur la carte ou ailleurs, on peut encore faire usage

---

(*) Si l'instrument est en cuivre, la partie *mnp* C (*fig.* 35, *Pl. II*) est à jour, et le centre C est indiqué par une petite entaille; deux autres entailles *m*, *p* laissent voir deux autres points du diamètre *m* C *p*

du rapporteur ; mais alors le compas est préférable et donne un plus grand degré d'exactitude.

32. Le compas sert à décrire dés circonférences et à mesurer des angles. Pour mesurer un angle avec le compas, on décrit une circonférence du sommet de l'angle comme centre, et avec un rayon d'une grandeur convenable. On place ensuite les deux pointes du compas aux points où cette circonférence est coupée par les côtés de l'angle, et l'on porte successivement cette ouverture de compas sur la circonférence jusqu'à ce qu'on revienne sensiblement au point de départ. Si l'on appelle m le nombre de cordes égales successivement inscrites, h le nombre de fois qu'on a parcouru la circonférence, on aura pour la valeur de l'angle en degrés,

$$\frac{h}{m} \cdot 360°.$$

Pour décrire les circonférences de grands rayons, on se sert du *compas à verge*. C'est une règle de bois (*fig.* 56, *Pl. IV*) de 1^m,00 à 1^m,20 de longueur, portant une pointe· en fer A à l'une de ses extrémités, et un curseur porte-crayon B, qu'on arrête à l'aide d'une vis à différentes distances de la pointe A , selon la grandeur de la circonférence qu'on se propose de tracer.

33. Il existe un rapport constant entre la distance de deux points quelconques d'une carte, et la distance des points homologues du terrain que la carte est destinée à représenter. Ce rapport constant est ce que l'on nomme l'*échelle de réduction*, ou simplement l'*échelle* du plan.

Le choix de l'échelle dans la construction d'un plan n'est pas indifférent. Il doit être subordonné à l'étendue de la surface, à la nature des détails à représenter, et au degré d'approximation dont on a besoin dans l'évaluation des distances qui correspondent sur le terrain à des distances données sur la carte, ou inversement.

Les seules échelles usitées aujourd'hui en France sont celles qui ont l'unité pour numérateur, et pour dénominateur un nombre formé des facteurs 2 et 5 ; elles sont appelées *échelles décimales* : telles sont $\frac{1}{1000}$, $\frac{1}{2000}$, $\frac{1}{2500}$, etc.

34. On a aussi donné le nom d'*échelles* à des figures géométriques destinées à évaluer les longueurs des lignes du terrain, à l'aide de leurs homologues sur la carte, ou réciproquement. Nous dirons un mot de ces figures.

Considérons, par exemple, un levé à l'échelle de $\frac{1}{2500}$, en sorte que 1 mètre de la carte corresponde à 2500 mètres sur le terrain, et par suite, $0^m,0004$ à 1 mètre. Traçons onze lignes parallèles et équidistantes, dont l'écartement soit d'ailleurs arbitraire (*fig.* 1, *Pl. I*). Portons dix fois $0^m,004$, à partir du point A, de la première ligne droite jusqu'en B, puis répétons cette distance AB autant de fois que nous voulons avoir d'hectomètres sur l'échelle. Par les points de division de la première de nos onze lignes, menons-lui des perpendiculaires AA', aa', bb', etc. ; enfin joignons $A a'$, ab', bc', etc.

Comme $A'a'$ représente 10 mètres, les longueurs pp', qq',..., zz' représenteront 1, 2,..., 9 mètres, d'après les propriétés des triangles semblables. En outre, la portion de chacune des onze parallèles comprises entre deux des lignes successives $A a'$, ab', bc', etc., est constamment égale à 10 mètres. Il est aisé de voir maintenant comment, ayant pris avec un compas la distance de deux points de la carte, on peut, à l'aide de l'échelle, obtenir la distance des points homologues du terrain, puisque sur les onze parallèles se trouvent marquées respectivement les distances de 1, 11 ;

21 mètres, etc.; de 2, 12, 22 mètres, etc.; et enfin de 9, 19, 29 mètres, etc.

Les échelles sont quelquefois disposées d'une manière plus simple. Elles se réduisent à une seule ligne droite divisée en parties égales entre elles, et à la longueur qui représente à l'échelle de réduction adoptée l'unité de longueur, *mètre*, *kilomètre* ou *myriamètre*, suivant le cas.

35. Pour rapporter un plan sur le papier, par exemple celui dont la triangulation est indiquée au n° 28, on commence par tracer une droite *ab* (*fig.* 24, *Pl. I*) qui ait, relativement aux côtés de la feuille, l'orientation convenable et qui représente à l'échelle la base AB. Sur cette droite on construit un triangle *aob* semblable au triangle AOB du terrain; sur le côté *oa* on construit un second triangle *oaf* semblable au triangle OAF, sur *of* un troisième triangle *ofe* semblable à OFE; et en continuant ainsi on finit par rapporter le canevas principal. Sur les côtés de ce canevas on construit des triangles *hab*, *gab*, *idc*, *ked* semblables à ceux qu'on a formés pour relier les points G, H, I, K du terrain au polygone principal. Enfin, sur les côtés de ces derniers triangles on construit des triangles *jid*, *lke* semblables à ceux qui relient les points J et L à la triangulation. Les différents sommets de tous les triangles ainsi construits forment le levé des points principaux du terrain.

LEVÉ A LA PLANCHETTE.

36. La *planchette* est une tablette rectangulaire ou carrée, supportée par un trépied (*fig.* 50, *Pl. III*). La tablette a de 0^m,40 à 0^m,60 de côté et 0^m,015 d'épaisseur environ. Dans les opérations qui exigent une grande exactitude, on se sert d'une planchette dont la tablette est réunie au trépied par un genou à la Cugnaut (n° 22). Ce genou sert à placer la

planchette dans une position horizontale; on vérifie son horizontalité à l'aide du niveau à bulle d'air, ou avec une bille qui, posée sur la tablette, doit rester en repos. Si la planchette est dépourvue de genou, on parvient à la rendre horizontale en déplaçant avec précaution les pieds du trépied. Dans tous les cas, un axe vertical fixé à la tablette permet de la faire tourner dans son plan, et une vis de pression donne le moyen de la fixer.

Le complément de la planchette est l'alidade à pinnules ou à lunette. Nous avons donné la description de la première au n° 20.

37. L'alidade à lunette est formée d'une règle de bois ou de cuivre, au milieu de laquelle une tige verticale supporte une lunette à réticule (*fig. 61, Pl. IV*), qui peut tourner autour d'un axe horizontal perpendiculaire à la longueur de la règle.

38. Pour s'assurer que l'axe de rotation est perpendiculaire à l'axe optique, on place l'alidade sur un plan horizontal, et l'on vise avec la lunette une mire éloignée M (*fig. 57. Pl. IV*), on note la division m_1 de la mire qui correspond à la croisée des fils, et l'on trace le long de l'alidade une ligne destinée à servir de repère. On dévisse la lunette, on la retourne sur son axe de manière que l'ouverture du collet qui était en dehors soit tournée vers le support vertical, et *vice versâ*, et, après avoir vérifié la direction de l'alidade à l'aide de la ligne de repère, on vise de nouveau la mire. Si la division de la mire qui coïncide avec la croisée est encore m_1, le réticule est bien placé et l'axe optique est perpendiculaire à l'axe de rotation. Si, au contraire, l'axe optique vient couper la mire en un autre point m_2, on fera mouvoir le réticule au moyen de vis de rappel jusqu'à ce que le point de croisement des fils corresponde au milieu M de l'intervalle $m_1 m_2$. L'axe optique sera devenu alors

perpendiculaire à l'axe de rotation, et correspondra encore au même point M, quand on remettra la lunette dans sa position primitive.

39. On nomme plan de *collimation* le plan vertical qui passe par les fils des pinnules, ou, s'il s'agit de l'alidade à lunette, celui qui est décrit par l'axe optique (*). Ce plan doit être parallèle à l'une des arêtes de l'alidade. Cette arête, qui est quelquefois dans le plan de collimation, prend le nom de *ligne de foi*.

Pour vérifier si la condition de parallélisme est remplie, on place l'alidade sur le bord d'un plan horizontal d'une assez grande étendue, on vise un objet A quelconque, on tire un trait le long de la ligne de foi, et on le prolonge jusqu'au bord opposé du plan. En plaçant l'alidade à l'autre extrémité de cette ligne, et du même côté, on doit apercevoir l'objet A. Si l'on a d'avance la projection sur la planchette d'une ligne du terrain, on fera coïncider la ligne de foi avec cette projection, et l'on verra si la croisée des fils du réticule peut couvrir un point de l'extrémité de la ligne.

40. La planchette peut servir à mesurer les angles. Soit BAC l'angle qu'on veut relever : on place l'instrument de manière que la tablette soit horizontale et que le sommet A de l'angle s'y projette en l'un de ses points *a* ; on fait passer la ligne de foi de l'alidade par le point *a*, et on la fait tourner autour de ce point, de manière que la croisée des fils du réticule coïncide successivement avec les points B, C. Dans chaque position de l'alidade, on tire un trait le long de la ligne de foi et l'on a l'angle BAC réduit à l'horizon ; on peut l'évaluer, si l'on veut, à l'aide du rapporteur.

(*) L'axe optique d'une lunette est la ligne droite qui joint le centre optique de l'objectif au point de rencontre des fils du réticule.

41. Dans les levés à la planchette, on a constamment besoin de mettre la *planchette en station*, c'est-à-dire de la placer de manière que, la tablette étant horizontale, l'un de ses points *a* soit dans la verticale du point **A** du terrain, et qu'une droite *ab* menée par ce point soit dans le plan vertical de AB (*fig.* 58, *Pl. IV*). On satisfait à ces conditions en donnant d'abord approximativement à la planchette la position qu'elle doit avoir, et rectifiant ensuite cette position. Pour cela, on a trois opérations à exécuter.

1°. *Mettre la planchette de niveau*, c'est-à-dire rendre la tablette horizontale. On y parvient au moyen des deux mouvements rectangulaires du genou réglés sur les déplacements de la bulle du niveau à bulle d'air.

2°. *Mettre la planchette au point*, c'est-à-dire placer la tablette de manière que le point *a* se projette en A sur le sol. Pour cela, on plante une aiguille en *a*, on tend à une certaine distance de la planchette un fil à plomb qui couvre le point A, puis on déplace la planchette jusqu'à ce que l'aiguille fixée en *a* soit aussi couverte par le fil. Les deux points *a*, A sont alors dans un plan vertical passant par l'œil. On répète la même opération pour une autre position du fil à plomb, en ayant soin de maintenir le point *a* dans le premier plan vertical déterminé. Le second plan vertical vient couper le premier suivant la verticale A*a*.

3°. *Orienter la planchette*, c'est-à-dire placer la tablette de manière que la droite *ab* ait pour projection sur le sol la droite AB. Pour cela, on fait coïncider la ligne de foi de l'alidade avec *ab*, et l'on fait tourner la tablette autour de son axe jusqu'à ce qu'un signal placé en B sur la droite AB soit vu dans la lunette de l'alidade. La planchette est alors orientée.

Les trois opérations que nous venons d'indiquer ne sont pas indépendantes les unes des autres. Généralement, ce qui aura été fait dans une opération, sera défait en partie dans les opérations subséquentes; ainsi la mise au point détruira l'horizontalité, et l'orientation détruira la mise au point. Néanmoins, comme dans toute opération pratique on se contente d'une certaine approximation, on conçoit la possibilité d'arriver, par un petit nombre de tâtonnements convenablement ménagés, à mettre la planchette en station.

42. La planchette sert à faire les levés de petite étendue ou à déterminer les points secondaires d'une carte dont les points principaux ont été construits par la méthode du n° 35; dans les deux cas, les procédés sont les mêmes. Les instruments employés pour faire ce levé sont la chaîne, une alidade et une planchette sur la tablette de laquelle on a collé une feuille de papier destinée à recevoir la carte-minute, et portant déjà le levé des points principaux du terrain. La seule opération à faire pour la construction de la carte consiste à lever un polygone ABCDE dont un côté AB est déjà rapporté à l'échelle en *ab*. Deux méthodes peuvent être employées.

Première méthode, dite *par rayonnements*. — On met la planchette en station en A, et l'on enfonce une aiguille au point *a* (*fig.* 22, *Pl. I*). On place l'alidade de manière que la ligne de foi soit appuyée contre l'aiguille, puis on la fait tourner jusqu'à ce que sa ligne de visée rencontre successivement les jalons plantés en C, D, E, F. Dans chaque position de l'alidade on tire un trait le long de la ligne de foi; en rapportant sur ces lignes les longueurs AC, AD, AE, AF, mesurées avec la chaîne et réduites à l'échelle, on a les points *a*, *b*, *c*, *d*, *e*, *f*, qui sont sur la carte les homologues des points A, B, C, D, E, F.

43. *Deuxième méthode*, dite *des intersections*. — Après avoir tracé sur le papier les lignes *a*β, *a*γ,... (*fig.* 22, *Pl. I*) qui marquent les différentes positions données à la ligne de

foi de l'alidade dirigée de A vers C, vers D, etc., on met la planchette en station au point B. On place la ligne de foi contre une aiguille que l'on a enfoncée en b, et l'on fait tourner l'alidade de manière que sa ligne de visée rencontre successivement les jalons plantés en C, D, E, F. Les positions de la ligne de foi sont marquées par les traits $b\beta'$, $b\gamma'$, $b\delta'$, $b\varepsilon'$; les points d'intersection c, d, e, f de ces lignes et des premières $a\beta$, $a\gamma$, $a\delta$, $a\varepsilon$, sont les points de la carte homologues aux points C, D, E, F du terrain.

44. Les constructions que nous venons d'indiquer sont tellement délicates, qu'il faut toujours recourir à des vérifications. Les vérifications consistent à refaire le levé, soit par la méthode des rayonnements, soit par la méthode des intersections, en prenant comme station l'un ou l'autre des sommets C, D, E,... du polygone.

DÉTERMINER LA DISTANCE D'UN POINT A UN POINT INACCESSIBLE.

45. *Première solution.* — On prendra une base à partir du point donné, et l'on fera le levé au mètre du triangle formé en joignant les extrémités de cette base au point inaccessible; puis, à l'aide de l'échelle, on évaluera la distance demandée.

46. *Deuxième solution.* — Si l'on a un graphomètre à sa disposition, on remplacera le levé au mètre par le levé au graphomètre. On chaînera la base, on mesurera les angles formés en joignant le point inaccessible aux extrémités de cette base; on fera sur le papier un triangle semblable au triangle dont on a déterminé les éléments sur le terrain, et l'on évaluera à l'échelle la distance des deux points.

47. *Troisième solution.* — Soient A et X (*fig.* 6, *Pl. I*) les deux points dont on cherche la distance, X le point inaccessible ; on trace par des jalons l'alignement AX ; dans une direction convenable on marque de même l'alignement AM, sur sa direction on prend un point C' dont la distance au point A soit moindre que la partie accessible de AX, et l'on mène l'alignement C'X. Le triangle AC'X ainsi construit peut être reproduit par symétrie sur la partie accessible du terrain.

A cet effet, on prend sur AM un second point B', on porte sur AX les deux distances AC', AB' en AC, AB, on mène les alignements B'C, C'B, et l'on détermine leur point d'intersection D. Le point D est un point de la bissectrice (*) de l'angle XAM, et suffit pour déterminer cette ligne qui va nous servir d'axe de symétrie. On construit le point de rencontre E de C'X avec AD, on trace l'alignement CE, on détermine son intersection avec AM, et l'on a en X'AC le triangle symétrique de XAC'. Le côté AX', égal de AX, peut être mesuré avec la chaîne.

48. *Quatrième solution.* — On peut se servir du point A comme centre de symétrie. On prend sur le terrain un point C (*fig.* 59, *Pl. IV*) convenablement situé, et l'on construit par alignements le triangle ACX. On marque un second point E sur la partie accessible de CX, et l'on détermine les points c et e, symétriques de C et de E, par rapport au point A. On joint ce et l'on construit son intersection avec l'alignement AX convenablement prolongé. Le triangle AcX' ainsi obtenu est le symétrique de ACX ; le côté AX' de ce triangle est la longueur cherchée.

(*) De l'égalité des deux triangles ABC', AB'C résultent les égalités AC'B = ACB', ABC' = AB'C, BC = B'C', d'où l'on conclut l'égalité des deux triangles DBC, DB'C'. Cette égalité entraîne celle des deux triangles ADB, ADB', et, par suite, celle des angles XAD, MAD.

DÉTERMINER LA DISTANCE DE DEUX POINTS INACCESSIBLES.

49. La construction précédente s'applique à chacune des extrémités A et B de la distance AB (*fig.* 13, *Pl. I*) qu'on se propose de mesurer. On prend sur la partie accessible du terrain un point D comme centre de symétrie, et un second point E ; on trace les alignements des côtés du triangle DEA, et l'on construit son symétrique D*ea*. On fait de même le symétrique du triangle FDB qui donne le point *b*, et l'on mesure la distance *ab*. C'est la distance demandée.

PROLONGER UNE DROITE AU DELA D'UN OBSTACLE.

50. Soit AB (*fig.* 67, *Pl. IV*) la droite à prolonger : cette droite a été jalonnée sur le terrain où l'on opère. On trace un alignement DE qui aille évidemment rencontrer la droite AB au delà de l'obstacle, on prend un point E sur DE, et on le joint à deux points A, C de la droite AB. On prolonge AE d'une longueur EA′ égale à AE, et CE d'une longueur C′E égale à CE : on construit l'alignement A′C′, et l'on cherche sa rencontre en H avec DE. Le point H est le symétrique par rapport à E d'un point X du prolongement de la droite AB. Pour déterminer le point X, il suffit de joindre CH, de prendre le point d'intersection K de AE avec CH, de déterminer K′ symétrique de K par rapport au point E, de mener l'alignement C′K′ et de le prolonger jusqu'à sa rencontre avec DE. La même méthode peut donner un second point du prolongement de AB.

51. Ce problème se présente souvent dans le tracé des alignements des rues. Dans ce cas, la solution précédente est presque toujours inapplicable ; on se sert de la construction suivante effectuée à l'aide de l'équerre d'arpenteur et de la chaîne.

Soit AB (*fig*. 60, *Pl. IV*) la droite que l'on veut prolonger au delà de l'obstacle O ; on élève au point B une perpendiculaire à cette droite, on mesure sur cette ligne une longueur BC assez grande pour que la perpendiculaire CD, élevée au point C à BC, ne rencontre pas l'obstacle ; sur CD on prend un point D, assez éloigné du point C pour que la perpendiculaire élevée au point D à CD soit au moins égale à BC ; on mesure sur cette perpendiculaire une longueur DE égale à BC, et enfin au point E on mène EF perpendiculaire à ED : cette ligne est le prolongement de AB. On vérifie sa position en prenant la distance d'un point de cette ligne suffisamment éloigné du point E au prolongement de CD. Cette distance doit être égale à BC.

PAR TROIS POINTS, MENER UNE CIRCONFÉRENCE.

52. Lorsque le rayon de la circonférence qui doit passer par les trois points donnés A, B, C (*fig*. 66, *Pl. IV*) n'a pas plus de 20 mètres, on joint AB, AC, BC, et sur leurs milieux on élève des perpendiculaires qui doivent concourir en un même point O. En ce point, qui est le centre de la circonférence demandée, on fixe l'extrémité d'un cordeau dont la longueur est égale à OA, on tend ce cordeau, et on le fait pivoter autour de son extrémité fixe. L'extrémité libre décrit la circonférence. On a soin de marquer par des piquets un grand nombre de points de cette ligne, afin de pouvoir ensuite la tracer sur le sol.

53. Si le rayon surpasse 20 mètres, et si le centre est inaccessible, on pourra trouver autant de points qu'on voudra de la circonférence par la méthode suivante, qui s'appuie sur les propriétés du *segment capable* :

On placera en B (*fig*. 62, *Pl. IV*) un graphomètre qu'on rendra horizontal, on amènera la ligne de visée de l'alidade

fixe à coïncider avec la direction BC, et l'on dirigera la ligne
de visée de l'alidade mobile sur un signal planté en A; on
fera tourner cette alidade de manière à augmenter l'angle
ABC de n, $2n$, $3n$, etc., degrés, n dépendant de la grandeur de la circonférence cherchée, et on marquera par des
jalons chacune des directions déterminées par la ligne de
visée de l'alidade. Quand cette ligne aura décrit 180 degrés
et repris sa position de départ, on transportera le graphomètre en C, on placera l'alidade fixe dans la direction CB,
on amènera sur A la ligne de visée de l'alidade mobile, et
on la fera tourner de manière à diminuer successivement
l'angle ACB de n, $2n$, $3n$, etc., degrés. On marquera sur
le sol ces directions de l'alidade mobile, et on prendra
leurs intersections avec les lignes correspondantes menées
du point B. Les points d'intersection appartiendront à la
circonférence cherchée.

54. *Autre solution.* — On commence par calculer le
rayon de la circonférence qui passe par les trois points.
Cela se fait en s'appuyant sur le théorème suivant :

Le produit de deux côtés AB, AC, *d'un triangle est égal
au produit du diamètre du cercle circonscrit par la hauteur* AH *relative au côté* BC,

$$R = \frac{AB \times AC}{2 \, AH}.$$

Les trois longueurs AB, AC, AH auront été mesurées sur
le terrain.

Le rayon calculé, on évalue la longueur a de l'arc de
deux degrés par la relation

$$\frac{a}{\pi R} = \frac{2}{180} = \frac{1}{90},$$

ce qui donne

$$a = 0,0349066985.R.$$

Cette valeur représente, avec une grande approximation (*), la longueur de la corde de 2 degrés.

Après ces calculs viennent les opérations sur le terrain. On place le graphomètre au point B (*fig.* 63, *Pl. IV*) de manière que son limbe soit horizontal, et que la ligne de visée de l'alidade fixe coïncide avec la ligne BC, et l'on amène le zéro de l'alidade mobile en coïncidence avec la division 1 degré du limbe. Alors un aide, muni d'un cordeau dont la longueur est égale à *a*, fixe en C l'une des extrémités, et, tenant l'autre, il se met en mouvement en maintenant le cordeau tendu. Lorsque l'extrémité qu'il porte est venue dans la ligne de visée de l'alidade mobile, il s'arrête et plante un piquet dans cette position. Le cercle décrit par l'extrémité libre du cordeau coupe en deux points la ligne de visée; on prend celui des deux qui est le plus rapproché ou le plus éloigné du point B, selon que le segment à décrire sur BC est plus petit ou plus grand qu'une demi-circonférence.

On obtiendra un second point de la circonférence par les mêmes moyens à l'aide du premier point obtenu, après avoir amené le zéro de l'alidade mobile sur la division 2 degrés; ce second point servira également pour un troisième, et ainsi de suite, sans qu'il soit nécessaire de déplacer le graphomètre.

TROIS POINTS A, B, C, ÉTANT SITUÉS SUR UN TERRAIN UNI, ET RAPPORTÉS SUR UNE CARTE, Y RETROUVER LE POINT M, D'OU LES DISTANCES AB ET BC ONT ÉTÉ VUES SOUS DES ANGLES α ET 6 QU'ON A DÉTERMINÉS.

55. Soient *a*, *b*; *c*, *m* (*fig.* 5, *Pl. I*) les points de la carte homologues des points A, B, C, M du terrain; on décrira sur *ab* un segment capable de l'angle α, et sur *bc* un

---

(*) L'erreur est moindre que $\dfrac{1}{560000}$ du rayon de la circonférence.

segment capable de l'angle δ : le point m sera l'intersection des deux segments.

Pour retrouver le point M du terrain, on évaluera, à l'aide du rapporteur, l'angle $abm = $ ABM, et, au moyen de l'échelle décrite au n° 34, on déduira de bm la distance BM ; on n'aura donc ensuite qu'à tracer l'alignement BM, et à mesurer avec la chaine une distance connue dans cette direction.

Remarque. — Le problème est indéterminé dans le cas où les deux segments capables des angles α et δ, construits sur ab et bc respectivement, appartiennent au même cercle.

NOTIONS SUR L'ARPENTAGE.

56. *L'arpentage* a pour objet l'évaluation de la superficie d'un terrain. Les instruments employés pour l'arpentage sont la chaîne et l'équerre d'arpenteur.

57. Nous considérerons d'abord le cas le plus simple de l'arpentage, celui où le terrain sur lequel on opère est limité par un contour rectiligne. Deux méthodes peuvent être appliquées à ce cas.

Première méthode, dite *de la décomposition en triangles.* — Cette méthode consiste à décomposer le polygone en triangles, à l'aide de diagonales, et à évaluer séparément la surface de chaque triangle. La décomposition peut se faire de plusieurs manières ; par exemple, en joignant l'un des sommets à tous les autres. Pour évaluer la surface de chacun des triangles, on abaisse, à l'aide de l'équerre d'arpenteur, une perpendiculaire de l'un des sommets sur le côté opposé ; on mesure ensuite, avec la chaine, la longueur de cette perpendiculaire et celle du côté sur lequel elle est abaissée, et l'on a les deux éléments de l'aire cherchée.

Soit, par exemple, ABCDEF (*fig. 8, Pl. I*) le polygone

qui figure le terrain; on mènera les diagonales AC, AD, AE;
on abaissera avec l'équerre d'arpenteur les perpendiculaires
Bb, Cc, Ee, Ff, sur AC, AD, AE, respectivement, et
l'on aura, pour la surface du polygone,

$$\frac{1}{2} (AC.B b + AD.C c + AD.E e + AE.F f).$$

Les perpendiculaires qu'on trace avec l'équerre d'arpenteur doivent, le plus souvent, être tout entières sur le
terrain qu'on arpente; on remplit cette condition en choi-
sissant convenablement la base de chaque triangle.

58. Pour ne pas confondre les bases et les hauteurs des
triangles, on se munit habituellement d'un tableau divisé
en quatre colonnes. Dans la première, on inscrit le numéro
ou la désignation du triangle; dans la deuxième, sa base;
dans la troisième, sa hauteur; et, dans la quatrième, sa
surface : de sorte qu'à la fin de l'opération on obtient immédiatement le résultat en additionnant tous les nombres
de la dernière colonne.

Voici un exemple de la disposition indiquée (*fig.* 8, *Pl. I*):

TRIANGLES.	BASE en mètres.	HAUTEUR en mètres.	SURFACE en mètres carrés.
ABC............	251	54	6777
ACD............	276	124	17112
ADE...... ....,.	280	147	20580
AEF............	280	89	12460
		Total......	56929

Le terrain a ici une surface de 56929 mètres carrés, ou
de 5^{hectares},6929.

Remarque. — La décomposition du polygone en triangles doit être faite, autant que possible, de manière que les perpendiculaires employées ne soient pas trop petites; car on détermine mal la position d'une perpendiculaire qui n'est pas suffisamment longue.

59. *Seconde méthode,* dite *de la décomposition en trapèzes.* — Soit ABCDEFG (*fig.* 9, *Pl. I*) le terrain qu'il s'agit d'arpenter, on tracera une ligne MN qui ne soit pas trop près des sommets, puis de ces points on abaissera sur MN les perpendiculaires Aa, Bb, Cc, Dd, Ee, Ff, Gg. La surface du polygone sera alors égale à la somme des trapèzes AagG, GgfF, FfeE, diminuée de la somme des trapèzes AabB, BbcC, CcdD, DdeE; et, par conséquent, la question se trouvera ramenée à mesurer les distances des sommets à la ligne MN et les projections des côtés sur cette ligne.

Pour éviter les erreurs que produirait la confusion des bases et des hauteurs, ainsi que celle des trapèzes additifs et soustractifs, il convient, quand on va sur le terrain, de se munir d'un tableau disposé d'une manière analogue au tableau du n° 58.

CAS OU LE TERRAIN SERAIT LIMITÉ, DANS UNE DE SES PARTIES, PAR UNE LIGNE COURBE.

60. *Premier cas.* — Le terrain que l'on veut arpenter est limité par la courbe AN (*fig.* 69, *Pl. IV*), la droite an et les ordonnées des points A et N, c'est-à-dire les perpendiculaires Aa, Nn abaissées des points A et N sur la droite an. On divise la droite an en un nombre pair de parties égales, et, par les points de division de rang pair b, d,..., l, m, on mène des ordonnées qui rencontrent la courbe AN aux points B, D,..., K, M: on mesure la longueur h de l'une des divisions de la droite an ainsi que les longueurs y_1, y_2,

$y_3 ..., y_n$, des ordonnées $\mathrm{A}\,a$, $\mathrm{B}\,b$, $\mathrm{D}\,d$,..., $\mathrm{N}\,n$. Ces mesures suffisent pour évaluer approximativement la surface.

En effet, en joignant les points A , B , D ,..., K , M , N , de la courbe, on forme une suite de trapèzes $\mathrm{A}\,ab\,\mathrm{B}$, $\mathrm{B}\,bd\,\mathrm{D}$,..., $\mathrm{K}\,km\,\mathrm{M}$, $\mathrm{M}\,mn\,\mathrm{N}$ dont les hauteurs sont h pour les trapèzes extrêmes et $2\,h$ pour les autres, et dont les bases sont les ordonnées $y_1, y_2, y_3 ,..., y_n$; de sorte que la somme p de leurs aires est

$$p = \frac{h}{2}\,(y_1 + y_2) + h\,(y_2 + y_3) + h\,(y_3 + y_4) + ... + \frac{h}{2}\,(y_{n-1} + y_n),$$

ou

$$p = h \left[\begin{array}{l} \frac{1}{2}\,(y_1 + y_n) + \frac{1}{2}\,(y_2 + y_{n-1}) + y_2 \\ + 2\,y_3 + 2y_4 + ... + y_{n-1} \end{array} \right],$$

ou, enfin, en ajoutant et retranchant entre les crochets $\frac{1}{2}\,(y_2 + y_{n-1})$, et représentant par S la somme des ordonnées $y_2, y_3, y_4, ..., y_{n-1}$,

$$p = h \left[2\,\mathrm{S} + \frac{1}{2}\,(y_1 + y_n) - \frac{1}{2}\,(y_2 + y_{n-1}) \right].$$

Si par les points B , D ,..., M on mène des tangentes à la courbe AN, et par les points de division de rang impair $c ,..., l$ de la droite an des ordonnées ; chaque tangente formera un trapèze avec un segment de la droite an et les ordonnées de rang impair qui comprennent entre elles son point de contact : l'un quelconque de ces trapèzes aura pour hauteur $2\,h$, et pour la demi-somme de ses bases l'ordonnée de rang pair qui passe par le point de contact de la tangente. La somme P de ces trapèzes sera donc

$$\mathrm{P} = 2\,h\,[y_2 + y_3 + y_4 + ... + y_{n-1}],$$

ou

$$\mathrm{P} = 2\,h\mathrm{S}.$$

La surface cherchée A est comprise entre les deux sommes P et p; on aura une valeur approchée de cette surface en prenant

$$A = \frac{1}{2}(P + p),$$

ou

$$A = h\left[2\,S + \frac{1}{4}(y_1 + y_n) - \frac{1}{4}(y_2 + y_{n-1})\right].$$

L'erreur commise est moindre que $\frac{1}{2}(P - p)$, c'est-à-dire moindre que

$$\frac{1}{4}\,h\,[(y_2 + y_{n-1}) - (y_1 + y_n)].$$

Ainsi, pour évaluer approximativement la surface limitée par la courbe AN, la droite an et les ordonnées Aa, Nn, il faut diviser la droite an en un nombre pair de parties égales, et prendre *le produit de la longueur de l'une des divisions par le double de la somme des ordonnées passant par les points de division de rang pair, augmentée du quart de la somme des ordonnées extrêmes et diminuée du quart des ordonnées immédiatement voisines*.

L'erreur commise en prenant ce produit pour la surface est moindre que *le quart du produit de la longueur de l'une des divisions de la droite* an *par la somme des ordonnées immédiatement voisines des extrêmes, diminuée de la somme des extrêmes.*

61. *Second cas.* — Soit proposé d'arpenter le terrain limité d'une part par la ligne brisée ABCDEFG (*fig.* 12, *Pl. I*) et d'autre part par la courbe AIG. Si l'on abaisse sur une droite quelconque MN les perpendiculaires Aa, Bb, Cc, Dd, Ee, Ff, Gg, la surface du polygone se trouvera décomposée en trapèzes additifs et soustractifs, comme au n° **59**, avec cette seule différence que l'un des trapèzes additifs sera mixtiligne. On évaluera donc chacun des tra-

pèzes ordinaires en mesurant ses bases et sa hauteur ; puis
ensuite le trapèze mixtiligne par la méthode du n° 60.

Remarque. — Le même procédé s'applique sans difficulté
au cas où le terrain est terminé, dans plusieurs de ses parties, par des lignes courbes.

62. *Remarque I.* — Quand on ne peut pas franchir les
limites du terrain qu'on veut arpenter, il faut que la ligne
MN soit située sur le terrain, et de plus qu'elle soit telle,
que les différentes perpendiculaires qu'on lui mène ne sortent pas des limites. Pour remplir cette condition, il faut
quelquefois décomposer la surface en deux ou plusieurs
parties, sur lesquelles on opère séparément.

63. *Remarque II.* — Lorsqu'on ne peut pas pénétrer dans
l'intérieur du terrain que l'on veut arpenter, dans le cas
d'un étang par exemple, on enveloppe son contour par un
rectangle ; on évalue la superficie de ce rectangle en mesurant sa base et sa hauteur, et l'on arpente par l'une des
méthodes précédentes la surface comprise entre le contour
du rectangle et celui du terrain. La surface cherchée est la
différence de ces deux mesures.

64. *Remarque III.* — Si le levé du terrain qu'on veut
arpenter se trouve effectué, il est évident que le moyen le
plus simple pour effectuer l'arpentage consiste à prendre
sur la carte et à rapporter ensuite au terrain les dimensions
des triangles ou des trapèzes dans lesquels on le suppose
décomposé.

CHAPITRE DEUXIÈME.

(Classe de seconde.)

NOTIONS SUR LA REPRÉSENTATION GRAPHIQUE DES CORPS A L'AIDE DES PROJECTIONS.

INSUFFISANCE DU DESSIN ORDINAIRE.

65. Le dessin ordinaire suffit pour donner une idée de la forme des corps, lorsqu'il est habilement exécuté, mais il est insuffisant pour faire connaître les positions et les distances relatives des différentes parties d'un édifice ou d'une machine. Les procédés artistiques que le dessinateur et le peintre emploient pour peindre aux yeux la forme et la position des objets s'adressent surtout à l'imagination, mais leurs résultats sont trop vagues pour guider l'intelligence et la main du constructeur. Il lui faut des dessins qui offrent à son esprit la traduction fidèle des constructions dont il est chargé, et qui, par conséquent, soient exécutés à l'aide de méthodes invariables et précises.

MÉTHODE GÉOMÉTRIQUE EXACTE.

66. Les diverses méthodes qu'on emploie pour atteindre ce but constituent la *Géométrie descriptive*. Elles reposent toutes sur des conventions formelles à l'aide desquelles on établit des relations entre une figure à trois dimensions et une figure plane. La plus simple, et la seule d'ailleurs que nous ayons à faire connaître, est la *méthode des projections* combinée avec la *méthode des rabattements*.

67 Concevons un corps polyédrique, un prisme de spath

d'Islande (*fig.* 70, *Pl. IV*) par exemple, dont la forme est
celle d'un parallélipipède à faces losanges. Supposons que
par les différents sommets de ce polyèdre on fasse passer successivement un fil tendu par un plomb de forme conique,
et qu'on laisse descendre le plomb jusqu'à ce que sa pointe
vienne toucher un plan horizontal placé au-dessous du polyèdre. La pointe du cône étant dans l'axe du fil, le point
où elle rencontre le plan horizontal est la *projection* du
sommet par lequel est conduit le fil.

On obtiendra par ce procédé pratique les projections des
sommets A, B, C, D, E, F, G, H, et la figure *abcdefgh*
sera dite la *projection* du polyèdre.

Le même procédé est applicable à un corps polyédrique
de forme quelconque.

PROJECTION D'UN POINT SUR UN PLAN.

68. On généralise cette idée. On appelle *projection* d'un
point sur un plan le pied de la perpendiculaire abaissée du
point sur le plan. Le plan prend le nom de *plan de projection*; la perpendiculaire, de *ligne projetante*.

La *projection d'une ligne* sur un plan est la ligne tracée
sur le plan par le pied d'une perpendiculaire mobile assu-
jettie à glisser sur la ligne. Cette perpendiculaire, dans
son mouvement, engendre une surface cylindrique, qui reçoit le nom de *cylindre projetant*.

La projection de la ligne peut être considérée comme
l'intersection (la *trace*) du cylindre projetant par le plan
de projection.

Si la ligne est dans un plan perpendiculaire au plan de
projection, la ligne projetante mobile ne sort pas de ce
plan, et le lieu de ses intersections avec le plan de projection est la *trace* même du plan.

69. *Projection d'une droite.* — C'est ce qui a lieu pour

une droite : une droite quelconque est toujours dans le plan
déterminé par sa position et la perpendiculaire abaissée
d'un de ses points sur le plan de projection. Ce plan est
appelé *plan projetant* de la droite.

La projection d'une droite s'obtiendra donc en joignant
par une droite les projections de deux points de cette droite.

Lorsqu'une droite est perpendiculaire au plan de projection, la projection de la droite se réduit à *sa trace*, c'est-
à-dire au point où elle perce le plan.

PLANS DE PROJECTION. LA POSITION D'UN POINT EST
DÉTERMINÉE PAR SES PROJECTIONS SUR DEUX PLANS
QUI SE COUPENT.

70. Il résulte de là *que tous les points d'une droite perpendiculaire à un plan ont même projection.*

D'après cela, la projection d'un point sur un plan ne
suffit pas pour déterminer le point. Mais le point est déterminé quand on donne ses projections sur deux plans qui se
coupent sous un angle connu.

En effet, les perpendiculaires abaissées du point donné A
sur les deux plans de projection (*fig.* 64, *Pl. IV*) déterminent un plan perpendiculaire à l'intersection de ces plans.
Les traces de ce plan sur les plans de projection forment avec
les lignes projetantes un quadrilatère birectangle A$\alpha$$a$$a$
dans lequel on connaît trois angles a, a', α et deux côtés
αa, $\alpha a'$; le quatrième sommet A est donc déterminé.

La condition nécessaire et suffisante pour que deux points
pris sur les plans de projection soient les projections d'un
même point de l'espace est donc que ces deux points soient
les sommets d'un quadrilatère, dont le plan soit perpendiculaire à la ligne d'intersection des deux plans ; c'est-à-dire
que *les perpendiculaires abaissées de ces points sur l'intersection des deux plans donnés se rencontrent en un
même point.*

71. Ordinairement les plans de projection sont rectangulaires. L'un est considéré comme *horizontal*, l'autre comme *vertical*. Leur intersection prend le nom de *ligne de terre*.

Le quadrilatère formé par les lignes projetantes du point et les perpendiculaires abaissées des projections du point sur la ligne de terre, devient un rectangle (*fig.* 65, *Pl. IV*), et l'on a ce théorème important :

La distance d'un point au plan horizontal est égale à la distance de la projection verticale de ce point à la ligne de terre.

Même théorème pour la distance du point au plan vertical, *mutatis mutandis*.

72. Pour construire sur une même feuille de papier les deux projections d'une figure, on imagine le plan vertical *rabattu* sur le prolongement du plan horizontal. Pour cela on le fait tourner de 90 degrés autour de la ligne de terre. Dans le mouvement, les projections a, a' d'un même point A ne sortent pas du plan $a\,\alpha\,a'$ perpendiculaire à la ligne de terre ; après le rabattement, elles sont sur une même droite perpendiculaire à la ligne de terre.

Pour se représenter un point de l'espace à l'aide de ses projections sur les deux plans de projection, on imagine que le plan vertical rabattu sur le plan horizontal tourne de 90 degrés autour de la ligne de terre, de manière à reprendre sa position primitive, et dans cette position on élève (par la pensée) aux points a, a' des perpendiculaires aux deux plans de projection ; la rencontre de ces deux lignes donne le point demandé.

73. Le point que nous considérons peut être situé dans l'une des *quatre* régions déterminées par les deux plans de projection indéfiniment prolongés. Ces différentes situations seront indiquées (*fig.* 77, *Pl. IV*) par les positions par rapport à la ligne de terre des projections du point sur les deux plans confondus.

1°. Le point est situé dans l'angle dièdre HXYV (première région) ; sa projection horizontale est au-dessous de la ligne de terre, sa projection verticale au-dessus : A_1, (a_1, a'_1).

2°. Le point est situé dans l'angle H'XYV (deuxième région) ; ses deux projections sont au-dessus de la ligne de terre : A_2, (a_2, a'_2).

3°. Le point est situé dans l'angle dièdre H'XYV' (troisième région) ; sa projection horizontale est au-dessus de la ligne de terre ; sa projection verticale rabattue avec la partie inférieure du plan vertical, est au-dessous de la ligne de terre : A_3, (a_3, a'_3).

4°. Enfin le point est situé dans l'angle dièdre HXYV' (quatrième région) ; les deux projections sont au-dessous de la ligne de terre : A_4, (a_4, a'_4).

On voit sans peine que ces conditions s'excluent l'une l'autre. On pourra donc, en distinguant par des notations ou des *encres* différentes les projections sur le plan horizontal et sur le plan vertical, conclure facilement la position d'un point dans l'espace de la position de ses projections.

PROJECTIONS D'UNE DROITE.

74. On a nommé (69) projection d'une droite sur un plan, la ligne formée par les pieds des perpendiculaires abaissées des différents points de cette droite sur le plan, et l'on a vu que la projection d'une ligne droite sur un plan est une ligne droite.

D'après ce que nous avons dit, on doit entendre par *projections d'une droite* les intersections des plans de projection avec les plans menés par cette droite perpendiculairement à ces plans de projection. La projection de la droite sur le plan horizontal se nomme *projection horizontale de la droite,* et la projection sur le plan vertical, *projection verticale de la droite.* Les plans qui déterminent ces projections sont appelés *plan projetant horizontalement* et *plan projetant verticalement* la droite.

UNE DROITE EST DÉTERMINÉE PAR SES PROJECTIONS.

75. Deux droites (*fig.* 68, *Pl. IV*) *ab*, *a'b'*, prises dans les plans de projection et considérées comme projections d'une droite, déterminent cette droite toutes les fois qu'elles ne sont pas perpendiculaires à la ligne de terre.

En effet, le plan P, conduit suivant *ab* perpendiculairement au plan horizontal, contient toutes les droites qui ont pour projection horizontale *ab* ; le plan P', conduit suivant *a'b'* perpendiculairement au plan vertical, contient toutes les droites qui ont pour projection verticale *a'b'* ; par conséquent, la droite dont les projections sont *ab* et *a'b'* doit se trouver à la fois dans les plans P et P' ; elle est donc leur intersection.

D'après cela, les droites *ab* et *a'b'* ne déterminent pas une droite de l'espace toutes les fois que les plans P et P' sont parallèles ou se confondent : dans ces deux cas, ces plans sont perpendiculaires à la fois aux deux plans de projection, et par conséquent à la ligne de terre ; donc leurs intersections *ab* et *a'b'* avec les plans de projection sont perpendiculaires à la ligne de terre.

76. Il existe des relations de position entre une droite et ses projections. Ainsi :

Si une droite est perpendiculaire à l'un des plans de projection, sa projection sur ce plan est un point, et sa projection sur l'autre plan est une droite perpendiculaire à la ligne de terre et passant par le point.

Soit AB (*fig.* 71, *Pl. IV*) une droite perpendiculaire au plan horizontal ; les perpendiculaires abaissées des différents

points de cette droite sur le plan horizontal se confondent
avec AB et rencontrent le plan horizontal au même point a ;
la projection de AB sur le plan horizontal se réduit donc au
point a.

Le plan P qui projette verticalement AB étant perpendiculaire aux deux plans de projection, est perpendiculaire
à la ligne de terre ; son intersection $a'b'$ avec le plan vertical, qui est la projection verticale de AB, est donc perpendiculaire à la ligne de terre. L'intersection du même plan
P avec le plan horizontal passe par le point a, et est aussi
perpendiculaire à la ligne de terre ; après le rabattement
du plan vertical sur le plan horizontal, ces deux traces se
confondent suivant une même droite perpendiculaire à la
ligne de terre et passant par le point a.

77. *Si une droite AB est parallèle à l'un des plans de
projection sans être perpendiculaire à l'autre, sa projection sur le premier plan lui est parallèle, et sa projection sur le second plan est parallèle à la ligne de terre.*

Soit la droite AB (*fig.* 76, *Pl. IV*) parallèle au plan vertical sans être perpendiculaire au plan horizontal ; cette
droite et sa projection verticale sont dans un même plan :
d'ailleurs AB ne peut rencontrer $a'b'$, car elle rencontre-
rait le plan vertical, ce qui est contre l'hypothèse ; donc AB
est parallèle à sa projection verticale $a'b'$.

Le plan P projetant horizontalement AB, et le plan vertical de projection passant par les deux droites parallèles
AB et $a'b'$, et étant perpendiculaires au plan horizontal,
sont parallèles, par suite les intersections de ces deux plans
par un troisième sont parallèles ; donc ab, projection horizontale de AB, est parallèle à la ligne de terre.

On conclut de là qu'une droite parallèle à la ligne de
terre étant parallèle aux deux plans de projection, a ses
deux projections parallèles à la ligne de terre.

TRACES D'UNE DROITE.

78. On nomme *traces* d'une droite les points d'intersection de cette droite avec les plans de projection. D'après cela, les traces d'une droite sont les points d'intersection de cette droite avec ses projections.

Soient ab et $a'b'$ (*fig.* 72, *Pl. IV*) les projections d'une droite ; la trace horizontale de la droite se projette verticalement sur la ligne de terre et sur la projection verticale de la droite, elle se projette donc en a', point de rencontre de ces droites ; elle est d'ailleurs sur la projection horizontale de la droite : on l'obtiendra donc en élevant du point a' une perpendiculaire à la ligne de terre jusqu'à la rencontre de ab.

On aura de même la trace verticale en élevant du point b, où elle se projette horizontalement, une perpendiculaire à la ligne de terre qui aille rencontrer en b' la projection $a'b'$ de la droite.

On conclut de là que, pour avoir une des traces d'une droite, il faut élever une perpendiculaire à la ligne de terre au point d'intersection de cette ligne avec la projection de nom contraire de la droite, et prendre le point d'intersection de cette perpendiculaire avec l'autre projection de la droite.

79 *Remarques.* — Les traces d'une droite font immédiatement connaître la position de la droite par rapport aux plans de projection. Voici les positions les plus remarquables :

Dans la *fig.* 72, *Pl. IV*, la droite vient couper la partie antérieure du plan horizontal, et la partie supérieure du plan vertical.

Dans la *fig.* 73, *Pl. IV*, la trace horizontale est devant la ligne de terre, la trace verticale en dessous.

Dans la *fig.* 74, *Pl. IV*, la trace horizontale est derrière la ligne de terre, la trace verticale au-dessus.

Enfin, dans la *fig.* 75, *Pl. IV*, la droite coupe la partie postérieure du plan horizontal et la partie inférieure du plan vertical.

ANGLES FORMÉS PAR UNE DROITE AVEC LES PLANS DE PROJECTION.

·80. Soient *ab* et *a′b′* (*fig.* 78, *Pl. V*) les projections d'une droite D dont les traces sont *a* et *b′*; l'angle formé par cette droite et le plan horizontal est l'angle de cette droite avec sa projection horizontale *ab* : c'est cet angle que nous allons déterminer. On peut remarquer que la droite D, sa projection horizontale *ab* et la perpendiculaire à la ligne de terre *bb′* forment un triangle rectangle dont l'angle en *a* est l'angle cherché. Nous connaissons de ce triangle les deux côtés de l'angle droit *ab* et *bb′*. Pour construire un triangle égal, il suffit de prendre sur la ligne de terre une longueur *b*A égale à *ba*, et de joindre *b′*A ; l'angle *b*A*b′* est égal à l'angle de la droite et du plan horizontal.

On peut encore construire le triangle en élevant au point *b* une perpendiculaire à *ab*, prenant sur cette perpendiculaire une distance *b*B égale à *bb′* et joignant *a*B; l'angle B*ab* est encore l'angle cherché.

L'angle de la droite avec le plan vertical se construirait d'une manière analogue.

PROJECTIONS D'UNE COURBE. EXEMPLE DU CERCLE.

81. La projection d'une courbe sur un plan a été définie n° 68; elle est complétement déterminée par la forme et la position de la courbe. Mais la courbe elle-même n'est déterminée que par ses projections sur deux plans qui se

coupent, car alors seulement chacun de ses points est déterminé (70).

Lorsque la courbe est dans un plan parallèle au plan de projection, elle se projette sur ce plan suivant une courbe égale à elle-même.

Cela résulte de ce que la projection d'une courbe est l'intersection de son cylindre projetant par le plan de projection, et que les sections faites dans un cylindre par des plans parallèles sont égales (*).

Si la courbe est dans un plan parallèle au plan horizontal, elle sera représentée sur les plans de projection rectangulaires (71) par une courbe égale (projection horizontale), et par une droite parallèle à la ligne de terre [projection verticale (68)]. La droite déterminera le plan horizontal qui contient la courbe.

82. *Projection du cercle.* — Si la courbe en question est un cercle, sa projection horizontale sera un cercle de même rayon, sa projection verticale sera une droite égale à son diamètre.

C'est seulement dans ce cas que la projection d'un cercle est circulaire. Si le plan du cercle est incliné sur le plan horizontal, sa projection sur ce plan est une courbe à centre, symétrique par rapport à deux droites rectangulaires, qu'on appelle *ellipse*.

Pour déterminer cette courbe, nous remarquerons que lorsqu'on projette une droite de longueur finie sur un plan, la projection du milieu de la droite coïncide avec le milieu de la projection. D'où il suit : 1° que la projection d'un cercle est une courbe à centre; 2° que la projection

---

(*) On considère le cylindre comme un prisme d'un nombre infini de faces; or on sait (voir *Géométrie*) que les sections faites dans un prisme quelconque par des plans parallèles sont des polygones égaux.

d'un diamètre du cercle est un diamètre de la projection (*).

Les projections de deux diamètres rectangulaires suffisent pour construire la courbe; mais, parmi les différents systèmes de diamètres rectangulaires, nous prendrons le diamètre parallèle à la trace horizontale du plan du cercle et le diamètre perpendiculaire à cette droite. Les projections de ces diamètres sont encore perpendiculaires. En effet, le premier diamètre étant parallèle au plan horizontal, se projette suivant une droite parallèle à sa propre direction, et par conséquent parallèle à la trace horizontale du plan du cercle. Le second diamètre se projette suivant une droite perpendiculaire à cette direction d'après une réciproque du *théorème des trois perpendiculaires* (théorème VIII du Ve livre de Legendre). Le premier diamètre se projette en vraie grandeur; la projection du second est égale au côté de l'angle droit d'un triangle rectangle ayant pour hypoténuse le diamètre du cercle, et pour angle aigu adjacent à ce côté l'angle du plan du cercle avec le plan de projection.

Soit o la projection horizontale du centre du cercle (*fig.* 79, *Pl. V*). Pour faciliter les constructions, nous prendrons le plan vertical de projection perpendiculaire à la trace horizontale AB du plan du cercle; la trace verticale AC fera avec la ligne de terre xy un angle égal à l'angle du plan donné avec le plan horizontal. En élevant du point o une perpendiculaire à la ligne de terre jusqu'à la rencontre de AC en o', on aura la projection verticale du centre, et la projection verticale du cercle en portant de part et d'autre de o' des longueurs o'a' et o'b' égales au rayon. La construction des diamètres principaux de l'ellipse se fera en

---

(*) On appelle *diamètre* d'une courbe le lieu des milieux d'une suite de cordes parallèles à une direction donnée.

menant du point o une parallèle, et une perpendiculaire
à AB, prenant sur la première deux longueurs od, oe
égales au rayon, et abaissant sur la seconde des perpendiculaires des points a', b'. Les deux droites cd, ab permettront de trouver autant de points qu'on voudra de la projection du cercle par la construction suivante.

On décrira du point b comme centre, avec od comme
rayon, une circonférence qui coupera de en deux points,
f, f'. Ces points, qu'on a nommés *foyers* dans la théorie
des coniques, jouissent de cette propriété : que si on les
joint à un point quelconque m de la courbe, la somme des
distances fm, $f'm$ est égale au grand axe de l'ellipse (diamètre du cercle projeté). D'après cette propriété, pour trouver un point quelconque de la courbe, il suffira de diviser
de en deux segments, de décrire du point f comme centre,
avec le premier segment comme rayon, une circonférence,
et du point f' avec le second segment, une circonférence
qui viendra couper la première. Les deux points ainsi déterminés appartiendront à la courbe, ils seront symétri-
quement placés par rapport à de.

On peut d'ailleurs trouver un point quelconque de la
courbe par la méthode suivante qui est générale, et qui
s'applique aussi bien aux autres questions que nous avons à
résoudre.

83. *Méthode des rabattements.* — Supposons qu'on ra-
batte le plan BAC sur le plan horizontal en le faisant tourner autour de sa trace horizontale BA (*fig.* 79, *Pl. V*). Le
centre, qui est dans le plan vertical oa perpendiculaire a
AB, ne sortira pas de ce plan, et viendra se placer, après le
rabattement sur le prolongement de la ligne oa, en un point
O, dont la distance à AB est égale à la distance $o'A$. Si du
point O comme centre, avec le rayon donné, on décrit une
circonférence, on aura le rabattement du cercle donné.

Pour en déduire la projection d'un point quelconque M

de la circonférence, on abaissera de ce point une perpendiculaire Mp sur la trace horizontale du plan, et une perpendiculaire Mμ sur la ligne de terre, et du point A comme centre, avec Aμ comme rayon, on décrira un arc de cercle qui viendra couper au point m' la trace verticale du plan. Le point m' sera la projection verticale du point M. On aura la projection horizontale m en abaissant de m' une perpendiculaire à la ligne de terre jusqu'à la rencontre de la droite Mp. On construira de la même manière autant de points qu'on voudra de la projection du cercle.

Cette méthode est applicable à une courbe quelconque; elle se compose des deux opérations successives que nous venons d'exécuter : 1° l'opération du *rabattement*, 2° l'opération du *relèvement* qui consiste à retrouver les projections d'un point rabattu dans un plan donné.

PROJECTIONS D'UN CUBE, D'UNE PYRAMIDE, D'UN CYLINDRE VERTICAL OU INCLINÉ.

84. *Projection du cube.* — Le cube est défini : 1° par le plan d'une de ses faces qui fait avec le plan horizontal un angle ω, et coupe ce plan suivant la droite AB; 2° par la projection horizontale pq d'une arête de cette face (*fig.* 80, *Pl. V*).

Nous prendrons le plan vertical de projection perpendiculaire à la trace horizontale du plan de la face; l'angle de cette face avec le plan horizontal sera mesuré par l'angle de la trace verticale AC avec la ligne de terre, et les extrémités de l'arête donnée se projetteront sur cette trace en p', q'.

Abaissons des points p, q, des perpendiculaires pI, qL sur la trace horizontale AB du plan, et effectuons le rabattement du plan CAB en le faisant tourner autour de cette ligne. Le point P se rabattra sur la ligne Ip à une distance du point I marquée par Ap'; le point Q se rabattra de même sur Lq à une distance du point L marquée par Aq', et PQ sera le rabattement de l'arête donnée. Nous construirons un carré sur cette ligne, et nous aurons le rabattement de la face du cube contenue dans le plan ABC.

Pour avoir les projections du sommet M de ce carré, nous abaisserons de ce point les perpendiculaires MK, Mμ. sur AB et sur xy, nous porterons sur AC, à partir de A, une longueur Am' égale à Aμ, et nous abaisserons du point m' une perpendiculaire à la ligne de terre jusqu'à la rencontre de MK : le point m ainsi obtenu sera la projection horizontale du point M. Nous aurons de même la projection horizontale n du point N, et en joignant pm, mn, nq, nous construirons la projection horizontale de la face MNPQ du cube.

Pour obtenir la projection de l'un quelconque des quatre autres sommets, de celui par exemple qui est sur l'arête passant par le point n, n', nous remarquerons que cette arête, étant perpendiculaire au plan de la face donnée, est parallèle au plan vertical de projection, et par conséquent qu'elle se projette sur ce plan en vraie grandeur suivant une perpendiculaire à AC. Horizontalement elle se projette sur une parallèle à la ligne de terre passant par le point n. La projection verticale de la seconde extrémité de cette arête s'obtiendra en menant par n' une perpendiculaire à AC, et en prenant sur cette ligne une longueur $n'r'$ égale à PQ. La projection horizontale r s'en déduira immédiatement. La même construction appliquée aux autres sommets fera connaître leurs projections s, s'; t, t'; u, u'. En joignant deux à deux les points qui déterminent les projections des arêtes du cube, on aura la projection de ce solide.

85. *Projection de la pyramide.* — Si la base de la pyramide est dans le plan horizontal, on obtient sa projection horizontale en joignant la projection horizontale du sommet de la pyramide aux différents sommets du polygone de base. La projection verticale se détermine de même en joignant

la projection verticale du sommet de la pyramide aux points
de la ligne de terre où les sommets du polygone se pro-
jettent.

Si la base de la pyramide est dans un plan incliné à l'horizon, on se donnera : 1º la trace horizontale de ce plan,
et l'angle qu'il fait avec le plan horizontal; 2º la projection horizontale de l'un des côtés du polygone de base, et
l'*espèce* de ce polygone; 3º les projections horizontale et
verticale du sommet de la pyramide.

On prendra le plan vertical de projection perpendiculaire à la trace horizontale du plan de la base. On déterminera, comme dans le problème précédent, le rabattement
du côté PQ dont la projection est donnée; on construira
sur ce côté le polygone de base, et l'on déterminera les
projections de ses sommets. En les joignant aux projections de même nom du sommet de la pyramide, on aura la
projection de ce solide. La *fig.* 81, *Pl. V,* indique suffisamment les constructions à effectuer.

86. *Projection d'un cylindre vertical à base circulaire.*
— La projection horizontale (*fig.* 82, *Pl. V*) se réduit à
une circonférence o égale aux circonférences qui forment
les bases du cylindre. La projection verticale est représentée par le rectangle *abcd*. Les côtés horizontaux de ce rectangle sont les projections des deux bases, les côtés verticaux sont les projections des génératrices passant par les
extrémités du diamètre parallèle à la ligne de terre.

87. *Projection d'un cylindre incliné.* — Le cylindre est
donné par sa hauteur, le rayon de sa base, la projection
horizontale o du centre de la base et le plan de cette base.
Ce plan fait avec le plan horizontal de projection un angle
ω, et coupe ce plan suivant AB (*fig.* 83, *Pl. V*).

Comme dans les problèmes précédents, on prend pour
plan vertical de projection un plan perpendiculaire à AB,

et l'on construit, comme au n° 82, les projections du cercle de base. L'axe du cylindre, parallèle au plan vertical, se projette en vraie grandeur sur ce plan en $o'p'$ perpendiculaire à AC. Sa projection horizontale est parallèle à la ligne de terre, elle est comprise entre les projections horizontales o, p correspondantes aux projections verticales o', p' des extrémités de l'axe. La projection horizontale de la base supérieure a son centre au point p, elle est égale à la projection horizontale de la base inférieure ; pour l'obtenir, il suffit de transporter celle-ci parallèlement à elle-même, de manière que son centre tombe en p. Les projections des génératrices du cylindre sont des droites parallèles aux projections de l'axe ; sur le plan horizontal, elles sont toutes comprises entre les parallèles extrèmes tangentes aux deux ellipses ; sur le plan vertical elles tombent entre les deux côtés $a'd'$, $b'c'$ du rectangle $a'b'c'd'$ formé par les projections verticales des bases et les parallèles à l'axe menées par les extrémités du diamètre parallèle au plan vertical.

PLAN, ÉLÉVATION.

88. Le mode de représentation graphique que nous venons de faire connaître suffit pour donner une idée de la configuration extérieure d'un bâtiment ou d'une machine. La projection horizontale reçoit alors le nom de *plan*, la projection verticale d'*élévation*.

La représentation complète de l'édifice ou de la machine exige presque toujours la construction de plusieurs projections verticales sur des plans distincts.

COUPES.

89. Mais, pour faire connaître la distribution intérieure d'un édifice, d'une maison par exemple, ou la disposition des pièces d'une machine, le plan et l'élévation ne suffisent pas, on y joint des *coupes* par des plans horizontaux et ver-

ticaux. Les coupes horizontales d'une maison offrent un véritable levé au mètre des pièces diverses avec leurs détails, portes, fenêtres, cheminées, épaisseur des murs. Le levé des différents étages d'une maison, depuis la cave jusqu'au toit, donne le moyen d'exécuter des coupes verticales suivant des plans différents.

90. Nous donnons ici, d'après le colonel Clerc, la marche à suivre pour le levé des détails intérieurs d'un bâtiment. Ce qui suit est extrait textuellement de son ouvrage sur le levé des plans :

« On prendra pour base la ligne de projection $c''d''$ de la façade du bâtiment (*fig.* 84, *Pl. V*). Sur cette ligne et le milieu de la porte d'entrée de l'allée, on détermine un point l sur lequel s'appuie une autre ligne que l'on dirige suivant l'allée jusqu'au milieu l' de la porte de sortie; elle est prolongée jusqu'à l'' contre le mur du jardin et du côté de l jusqu'à x; le point x joint à d'' compose un triangle lxd'' qui détermine la position de ll'' par rapport à $c''d''$. On mesure lc'', ld'', ll' et $l'l''$, on fait le tracé de ces lignes sur le dessin coté, et l'on écrit la mesure de leur longueur. Sur $l'l''$ on construit un triangle $l'l'''l''$, et sur $l'''l''$ un autre triangle $l'''l^{iv}l''$; les côtés $l'''l'$ et $l^{iv}l''$ sont prolongés jusqu'à l^v et l^{vi}, et la droite qui joint l^v à l^{vi} est la ligne de projection d'une face de bâtiment, la ligne $l^{vi}l^v$ celle de la face intérieure du mur du jardin, et $l^{vi}l'''$ celle de la face d'un autre bâtiment. La ligne $l'''l^v$ est la projection de la deuxième façade du bâtiment qu'on dessine : on en complète le contour par les lignes de projection qui joignent l''' à c'', et l^v à d''.

» Sur la ligne ll', menée par le milieu de l'allée, on détermine les points a et b par lesquels on fait passer des perpendiculaires, prolongées à droite et à gauche jusqu'à a' et a'', b' et b'', qui mesurent la largeur de l'allée. Les droites qui joignent a' et b', et a'' et b'', sont les projections des murs latéraux de l'allée.

» On figure et l'on mesure sur la ligne de projection $a'b'$ les portes m et z, et l'épaisseur des murs, et l'on fait le tracé de la deuxième ligne de leur projection. On fait le levé de la pièce A; l'angle m' est connu, on mesure $m'm''$, et $m'm'''$. Sur $m'''m''$ on compose le triangle $m''m^{\text{iv}}m'''$; on mesure ses côtés, et l'on peut construire l'angle m^{iv}, et la figure $m'm'''$, $m'''m^{\text{iv}}$, $m^{\text{iv}}m''$, $m''m'$ construite sur le dessin est semblable à celle de la pièce A. Sur le côté $m''m^{\text{iv}}$ on figure et l'on mesure une porte n; on mesure l'épaisseur du mur et l'on fait le tracé de la deuxième ligne de projection.

» On lève la pièce B; les angles n' et n'' sont connus; on mesure $n'n'''$ et $n''n^{\text{iv}}$; la droite qui joint n''' à n^{iv} est la ligne de projection de la quatrième face de la pièce B. Sur le côté $n'''n^{\text{iv}}$ on figure et l'on mesure une porte o, on mesure l'épaisseur du mur et l'on fait le tracé de sa deuxième ligne de projection. On lève la pièce C; les angles o' et o'' sont connus; on mesure $o'o''$ et $o'''o^{\text{iv}}$, la droite qui joint o^{iv} à o' est la ligne de projection de la quatrième face de la pièce C. Sur ce côté on mesure et l'on figure une porte p; on mesure l'épaisseur du mur et l'on fait le tracé de sa deuxième ligne de projection. Le levé de la pièce D est conclu de celui des pièces A et C qui en ont fait connaître les angles et la longueur des faces.

» Le levé des détails de la partie gauche du bâtiment s'exécute par les mêmes moyens. Sur la face $a''b''$ du mur de l'allée, on figure et l'on mesure les portes y et q. La porte q communique dans la cage de l'escalier $q'q''q'''q^{\text{iv}}$. Pour lever cette cage on connaît q', on mesure $q'q''$ et $q'q^{\text{iv}}$. Sur la droite qui joint q'' à q^{iv} on compose le triangle $q''q^{\text{iv}}q'''$ dont on mesure les côtés, et par construction la figure $q'q''q'''q^{\text{iv}}$ est semblable à celle de la cage E de l'escalier. Sur la face $q^{iv} q'''$ on figure et l'on mesure une porte x, et sur $q''' q''$ une autre porte r; on mesure l'épaisseur des murs et l'on fait le tracé de leur deuxième ligne de projection.

» Pour le levé de la pièce F, on connaît les angles r', r''; on mesure $r' r'''$ et $r'' r^{iv}$, et la droite qui joint r''' à r^{iv} est la ligne de projection de la quatrième face de la pièce F, sur laquelle on figure et l'on mesure une porte s; on mesure l'épaisseur du mur et l'on trace sa deuxième ligne de projection.

» Quant au levé de la pièce G, on trouve qu'il est conclu de celui de la pièce F, de la cage de l'escalier E et du mur $a'' b''$ du corridor.

» On fait le levée des cheminées et des autres détails qui peuvent se trouver dans les pièces du bâtiment, puis celui des détails de l'escalier, et le levé est complet pour le rez-de-chaussée. On exécute, par les mêmes procédés, le levé des caves et des étages supérieurs. »

Les détails qui précèdent, extraits d'un ouvrage pratique estimé, nous paraissent suffisants pour indiquer aux élèves la marche qu'ils ont à suivre dans les différents cas particuliers qu'ils peuvent rencontrer. Nous les engageons à faire par eux-mêmes le levé au mètre des diverses pièces d'un appartement; ces exercices compléteront ce que nos préceptes, nécessairement succincts, n'ont qu'ébauché.

91. Il en est de la représentation d'une machine comme de la représentation d'un bâtiment; après avoir dessiné le plan et l'élévation de la machine, on pratiquera des coupes suivant différents plans, de manière à n'omettre dans le dessin aucun détail essentiel. Nous engageons les élèves à faire, par cette méthode, le levé des principales machines qu'ils rencontrent dans leur cour de physique, telles que la machine d'Atwood, la presse hydraulique, la machine pneumatique, la machine électrique, etc.

CHAPITRE TROISIÈME.

(Classe de rhétorique.)

NOTIONS SUR LE NIVELLEMENT ET SES USAGES.

OBJET DU NIVELLEMENT.

92. Lorsque le terrain n'est pas horizontal, la représentation des détails par projection horizontale (27) n'est pas suffisante. Pour la compléter, on y joint les distances des objets représentés au plan de projection. Ce plan prend le nom de *plan de niveau*. Les hauteurs sont appelées *cotes*. Le *nivellement* a pour objet de déterminer les cotes des points indiqués sur la carte.

Les points à niveler sont rapportés au plan de niveau par des opérations successives qui consistent à mesurer la différence de niveau de deux points à l'aide d'un *niveau* et d'une *règle divisée*.

DESCRIPTION ET USAGE DU NIVEAU D'EAU.

93. Le niveau d'eau se compose d'un tuyau A (*fig.* 52, *Pl. III*) en fer-blanc ou en cuivre, de 5 centimètres de diamètre et de 1m,30 de longueur environ. Les extrémités du tuyau sont recourbées à angle droit, et réunies par un ajustement à vis à deux fioles en verre B mastiquées dans une monture en métal. Des rondelles de cuir gras rendent l'ajustement étanche. Le niveau est porté par un trépied joint au tuyau horizontal par un genou à coquilles ou une simple douille.

94. L'instrument étant sur son pied, et le tuyau A sen-

siblement horizontal, on y verse de l'eau jusqu'à ce que le
liquide monte dans les deux fioles à moitié de leur hauteur. Si l'on a eu soin de prendre des fioles de même diamètre, les deux surfaces terminales pourront être considérées comme situées dans un même plan horizontal, et le
rayon visuel dirigé suivant ces surfaces donnera la ligne
du niveau apparent auquel on rapporte les points du terrain que l'on veut niveler.

Pour opérer avec le niveau, on commence par expulser
les bulles d'air en inclinant le tuyau convenablement;
puis, quand la surface de l'eau est tranquillisée, on le dispose de manière que l'eau soit sensiblement à la même
hauteur dans les deux fioles pour deux directions à angle
droit. On prend cette précaution pour ne pas être exposé
à répandre le liquide en faisant faire au niveau le tour de
l'horizon.

Pour trouver la différence de niveau de deux points L, M
(*fig.* 85, *Pl. V*), on met le niveau en station en S à distances
égales des deux points, soit sur la ligne qui les joint, soit
en dehors. On place la règle divisée dans une position verticale en L, on amène la tige A du niveau dans la direction SL, et l'on dirige un rayon visuel suivant les bords
des deux *ménisques*. Le nombre des divisions de la règle
comprises entre le point L et l'horizontale du niveau
donne la cote du point L; on inscrit cette cote sur le cro-
quis du terrain, et l'on a ce qu'on appelle le *coup de
niveau d'arrière*. La règle divisée est placée sur M; on
procède, pour trouver la cote de ce point, comme pour le
point L, on inscrit le nombre obtenu, et l'on a le *coup de
niveau d'avant*.

Lorsque les cotes obtenues à chacun des deux points où
l'on a établi la règle sont égales, les points sont dits de
niveau; si les cotes sont inégales, leur différence indique
de combien l'un des points est plus bas que l'autre.

Pour voir facilement les bords des ménisques et le trait de la règle, on place l'œil à 1 ou 2 mètres de la première fiole, et l'on dirige le rayon visuel suivant la tangente extérieure ou suivant la tangente intérieure aux deux surfaces cylindriques. Quelques praticiens prescrivent ce second mode de visée comme plus exact.

L'emploi du niveau d'eau se borne au nivellement de points peu éloignés, il exige une bonne vue et une grande justesse de coup d'œil. On le remplace dans les opérations topographiques par le niveau à bulle d'air, qui est plus exact.

95. *De la mire.* — Au lieu de prendre une règle ordinaire pour les opérations de nivellement, on se sert de la mire, qui donne les cotes avec plus d'exactitude. La mire se compose d'une règle en bois BB′ (*fig.* 53, 54, 55, *Pl. III*), de 2 mètres de hauteur, dont une extrémité est armée d'un sabot en fer *f* et d'une pédale *g* qui permet de maintenir la règle verticalement. La règle BB′ présente dans le sens de sa longueur une rainure dans laquelle s'engage la languette d'une autre règle AA′, aussi de 2 mètres. L'ensemble des règles AA′ et BB′ en forme une seule de section carrée. La partie de BB′ engagée dans le sabot *f* n'a pas de coulisse et présente une section égale aux sections de AA′ et BB′ réunies. La languette de AA′ est également interrompue à l'extrémité supérieure de cette règle, qui se termine par un sabot carré semblable à celui de la partie inférieure de BB′. Une embrasse en cuivre *a′ a′* entoure les deux règles AA′ et BB′; elle est fixée à la partie inférieure de la première, et soudée à une bride *b′ b′*, dans l'épaisseur de laquelle est taraudé un écrou qui porte une vis de pression *c′*. La partie postérieure *d′ d′* de l'embrasse est découpée, et présente une certaine flexibilité qui lui permet de céder à l'action de la vis *c′*, par suite de maintenir pressées l'une contre l'autre les deux règles AA′ et BB′, et de rendre impossible tout mouvement de glissement longitudinal.

Un voyant C, formé d'une plaque de fer-blanc partagée en quatre rectangles égaux par deux lignes, horizontale et verticale, est fixé à la bride *b* d'une embrasse *aa* mobile le long des deux règles. Cette embrasse, découpée à la partie postérieure comme la précédente, porte une vis de pression dont l'écrou est taraudé dans la bride *b*, pour fixer le voyant à une hauteur quelconque de la double règle. Afin de rendre le centre du voyant plus visible, deux de ses rectangles opposés par un sommet sont peints en rouge, et les deux autres en blanc.

La règle BB′ porte deux divisions en centimètres : l'une sur la face postérieure et qui commence à la pédale, l'autre sur la face latérale et qui commence au-dessus du sabot *f*. De plus, les embrasses *aa* et *a′ a′* portent chacune une division en millimètres. La division *e* de la première embrasse est à sa partie postérieure, et son zéro correspond au centre du voyant; la division *e′* de la seconde embrasse est sur sa face latérale, et commence à l'extrémité de la règle AA′

96. Pour obtenir une cote, que nous supposerons d'abord moindre que 2 mètres, le niveleur se place au niveau et un aide va poser le pied de la mire au point dont on veut avoir la cote. Après avoir fait rentrer complétement la languette de la règle AA′ dans la coulisse de BB′, il serre la vis *c′*, place la mire verticalement et la maintient à l'aide de la pédale; puis il desserre la vis *c* qui maintenait le voyant, et le fait monter ou descendre, suivant les signes du niveleur, jusqu'à ce que la ligne de visée passe par le centre du voyant. Il serre alors la vis *c*, et le niveleur vient prendre la mire pour y lire sur la division postérieure *m* la cote qui mesure la distance du centre du voyant au sol. Les centimètres sont donnés par la division

de la règle BB′, et les millimètres par la division *e* de l'embrasse *a*.

97. Quand la cote à mesurer dépasse 2 mètres, l'aide commence par élever le voyant jusqu'à ce que l'embrasse *a* vienne buter contre le taquet d'un ressort *h* placé à la partie supérieure de la règle AA′; il l'arrête dans cette position en serrant la vis *c*, et place la mire verticalement. Le centre du voyant se trouve ainsi à 2 mètres au-dessus du sol et fixé seulement sur la règle AA′. L'aide desserre alors la vis de pression *c′* et soulève la règle AA′, en la faisant glisser le long de la règle fixe BB′; quand le niveleur lui indique que le centre du voyant est sur sa ligne de visée, il arrête le voyant en serrant la vis *c′*, et le niveleur vient lire sur la division latérale *n* et sur la division *e′* de l'embrasse *a′ a′*, le nombre de centimètres et de millimètres qui donne la distance du centre du voyant au sol.

MANIÈRE D'INSCRIRE ET DE CALCULER LES RÉSULTATS DES OBSERVATIONS.

98. Lorsque les cotes des différents points du terrain peuvent être obtenues à une même station du niveau, on dit que le nivellement est *simple*, et les cotes sont prises par rapport au plan de niveau déterminé par l'instrument.

Un enchaînement de nivellements simples rattachés les uns aux autres par les cotes d'un même point, prises de deux stations consécutives, constitue un *nivellement composé*. La cote d'un point prise de la première station porte le nom de *cote arrière*, et celle du même point prise de la seconde se nomme *cote avant*.

99. Dans tout nivellement composé, les cotes observées doivent être rapportées à un même plan de niveau, ce qui est facile, puisque la différence des cotes d'un même point prises de deux stations donne la distance des deux plans de nivellement de ces stations; en sorte que, pour rapporter les points observés de la deuxième station au plan de la première, il suffit d'ajouter cette différence à toutes les cotes obtenues de la deuxième station. Cette différence peut être positive ou négative; par conséquent, les cotes rapportées au premier plan de nivellement peuvent être négatives.

Si, par exemple, on a un nivellement composé de trois nivellements simples, savoir:

Un premier nivellement, qui donne les cotes $1^m,343$ et $3^m,755$ des points A et B; un deuxième, qui donne les cotes $0^m,732$ et $2^m,320$ des points B et C; un troisième, qui donne les cotes $0^m,875$ et $1^m,982$ des points C et D; et qu'on veuille rapporter les cotes des points A, B, C, D, au plan du premier nivellement; en opérant comme nous venons de le dire, on aura:

Pour la cote du point A......................... $1,343$

Pour celle du point B......................... $3,755$

Pour celle du point C.. $2,320 + (3,755 - 0,732) = 5,343$

Et pour celle du point D. $1,982 + (2,320 - 0,875)$
$+ (3,755 - 0,732) = 6,450$

Et si l'on veut rapporter ces points à un plan de nivellement situé à 10 mètres au-dessous du point A, il suffira de retrancher les cotes précédentes de $10 + 1,343$. On aura ainsi:

Pour la cote du point A..... .... $10,000$

Pour celle du point B....... $10 + 1,343 - 3,755 = 7,588$

Pour celle du point C....... $10 + 1,343 - 3,755$
$+ 0,732 - 2,320 = 6,000$

Pour celle du point D....... $10 + 1,343 - 3,755$
$+ 0,732 - 2,320$
$+ 0,875 - 1,982 = 4,893$

100. Le plan unique auquel on rapporte en définitive les cotes des différents points du terrain est dit *plan général*, et l'opération par laquelle on détermine ces cotes est un *nivellement général.* Voici, d'après ce qui précède, la règle à suivre pour exécuter cette opération.

Soient *m* la cote d'un premier point M rapportée au plan général, *n* celle d'un second point N, *m′* la cote arrière du point M, et enfin *n′* la cote avant du point N; on aura, pour déterminer *n*, la formule

$$n = m + (n' - m').$$

Pour établir clairement les résultats d'un nivellement composé, on dispose les calculs comme l'indique le tableau suivant :

NUMÉROS des stations.	LONGUEURS horizontales comprises entre les points de nivellement successifs	NUMÉROS d'ordre des points de nivellement.	COTES DES POINTS DE NIVELLEMENT		Cotes rapportées au plan général.	COTES des points par rapport au premier plan partiel de nivellement.
			Cotes rapportées aux plans partiels du nivellement.			
			Avant.	Arrière.		
	m	A	»	1,343	m 10,000	1,343
1	200					
		B	3,755	0,732	7,588	3,755
2	220					
		C	2,320	0,875	6,000	5,343
3	300					
		D	1,982	0,701	4,893	6,450
4	280					
		E	1,203	»	4,391	6,952
						Vérification des calculs.
			9,260	3,651		m 9,260—3,51=5,609 10,000—4,391=5,609

PROFIL DE NIVELLEMENT.

101. Considérons (*fig.* 88, *Pl. V*) une ligne brisée ABCD..., tracée sur un terrain, et les plans verticaux pro-

jetant les côtés de cette ligne sur un plan horizontal P; ces plans forment une surface prismatique ayant pour base la projection $A'B'C'D'\ldots$ de la ligne du terrain. Concevons cette surface développée sur le plan vertical qui projette le côté AB, c'est-à-dire construisons sur ce plan les différentes faces du prisme en les juxtaposant dans l'ordre de leur liaison; les différents côtés de la projection $A'B'C'D'\ldots$ étant perpendiculaires aux arêtes du prisme, viendront se placer sur le prolongement l'un de l'autre, de manière à former la ligne droite $A'X'$, tandis que les côtés de la ligne brisée ABCD... formeront une seconde ligne brisée $ABC_1D_1\ldots$: la figure formée par la droite $A'X'$ et la ligne brisée $ABC_1D_1\ldots$ se nomme le profil de nivellement de la ligne ABCD....

102. Le nivellement de la ligne ABCE... étant effectué, on peut facilement construire le profil de nivellement de cette ligne. En effet, supposons que ce nivellement soit celui qui est indiqué dans le tableau du n° 100, et que le plan horizontal sur lequel on projette la ligne ABCD... soit le plan général de nivellement situé à 10 mètres au-dessous du point A; on prend sur une ligne XY (*fig.* 89, *Pl. V*), des points A', B', C', D', E', dont les distances sont mesurées par les nombres de la seconde colonne du tableau; par ces points on mène des perpendiculaires à XY, et sur ces lignes on porte des longueurs égales à celles qui sont marquées dans la sixième colonne du tableau, on joint les extrémités A_1, B_1, C_1, D_1, E_1, de ces longueurs, et la ligne brisée qu'on trace ainsi est le profil de nivellement demandé.

Afin de rendre plus sensibles à la vue les inclinaisons des différentes droites A_1B_1, B_1C_1,..., sur XY, on prend ordinairement deux échelles, l'une pour les distances portées sur XY, l'autre pour celles qui sont portées sur les perpendiculaires à XY. La première des échelles est plus petite que la seconde.

103. *Remarque*. — La ligne ABCD... peut être la section du terrain par un plan vertical ; alors, on nomme profil de nivellement de cette ligne le trapèze mixtiligne formé par cette ligne, sa projection sur un plan horizontal et les ordonnées extrêmes. La construction de ce profil se fait exactement comme celle du profil précédent lorsque le nivellement de la courbe est effectué.

REPRÉSENTATION DES RÉSULTATS DU NIVELLEMENT ET DU LEVÉ DES PLANS A L'AIDE D'UNE SEULE PROJECTION. PLAN COTÉ. PLAN DE COMPARAISON.

104. La méthode des projections s'applique, comme nous l'avons indiqué (n° 92), à la représentation graphique d'un terrain dont la surface n'est pas horizontale. On se contente alors d'une projection. On se borne à figurer sur une carte réprésentant le plan horizontal, la projection du canevas principal des triangles, et celle des détails qu'on y a rattachés par un levé à la planchette.

On supplée à la représentation sur un plan vertical par les cotes des points remarquables qu'on inscrit sur la carte à côté de leurs projections.

105. Mais les cotes ne peuvent donner qu'une idée très-imparfaite de la forme de la surface du terrain ; aussi dans la pratique on emploie ordinairement, pour figurer cette surface, un procédé particulier imaginé par Ducarla, de Genève. Ce procédé consiste à tracer sur la carte les sections faites dans le terrain par un grand nombre de plans horizontaux équidistants.

Pour tracer sur la carte l'une de ces courbes, que l'on nomme *courbe de niveau,* on suppose le terrain coupé par une suite de plans verticaux parallèles ou formant de très-petits angles ; on rapporte sur la carte les lignes qui représentent les sections du terrain par ces plans verticaux, on détermine sur ces lignes les points de la courbe que l'on veut figurer, et l'on joint ces points par un trait continu.

Les opérations nécessaires pour effectuer ces constructions se disposent de la manière suivante (*fig.* 91, 86, *Pl. V*). Après avoir tracé sur le terrain les sections faites par les plans verticaux, on rapporte sur la carte, par une triangulation ou à l'aide de la planchette en a, b,..., e,..., a'', b'',..., f'',... les points A, B,..., E,..., A'', B'',..., F''',..., dont les cotes ont été déterminées pour la construction des profils; on mène les droites qui passent par les points appartenant à chaque profil, et l'on a ainsi les lignes qui représentent les sections verticales. Pour avoir les intersections de ces droites avec une courbe de niveau, par exemple de la droite $a''f''$ avec la courbe de niveau située à une distance α du point a'', on trace sur le profil A''_1 F, correspondant à $a''f''$, une horizontale MN éloignée du point A''_1 d'une longueur α, par les points M et N d'intersection de cette droite avec le profil, on mène des perpendiculaires M m_1, N n_1 sur l'horizontale XY, et l'on porte les longueurs $a''_1 m_1$, $a''_1 n_1$ en $a''m$, $a''n$; les points m, n ainsi obtenus sont les points cherchés.

Une carte ainsi construite se nomme un *plan coté*.

Pour distinguer dans un plan coté les positions relatives des courbes de niveau, on inscrit sur la carte les distances de chaque courbe à un plan horizontal que l'on nomme *plan de comparaison;* ces distances sont données par le nivellement qui a été effectué pour la construction des profils.

REPRÉSENTATION D'UN POINT ET D'UNE DROITE SUR UN PLAN COTÉ. CONNAISSANT LA COTE D'UN POINT SITUÉ SUR UNE DROITE DONNÉE, TROUVER LA PROJECTION DE CE POINT, ET *vice versâ.*

106. Dans le système des plans cotés, un point est dé-

terminé par sa projection orthogonale sur un plan que l'on nomme *plan de comparaison* et que l'on choisit ordinairement au-dessus de tous les points que l'on veut projeter, et par le nombre qui mesure la distance du point au plan de comparaison; ce nombre donne la *cote* du point et s'écrit à côté de sa projection. Lorsque le plan de comparaison n'est pas au-dessus de tous les points, les cotes des points situés au-dessus de ce plan sont représentées par des nombres négatifs, et celles des points situés au-dessous par des nombres positifs. Une droite est déterminée par les projections et les cotes de deux de ses points.

107. *Sur une droite donnée, trouver la projection d'un point dont on connaît la cote.*—Rabattons le plan projetant de la droite donnée D (*fig.* 87, *Pl. V*) sur le plan de comparaison; les points qui se projetaient en a et b viendront se placer sur les points A et B situés sur les perpendiculaires Aa, Bb à ab, et éloignés de cette droite de longueurs respectivement égales aux cotes de ces points (n° 83), de sorte que AB sera le rabattement de la droite D. Le rabattement du point cherché devant se trouver sur AB et à une distance de ab égale à la cote donnée, sera l'intersection C de AB avec la parallèle à ab menée à cette distance, et la projection de ce point sera le pied c de la perpendiculaire abaissée du point C sur ab (n° 83).

La projection c se détermine ordinairement par sa distance x au point a; pour obtenir cette longueur, il suffit de remarquer que si l'on représente par α, 6, γ les cotes des points a, b, c, et par d la distance ab, les triangles semblables CAd, ABe formés en menant la parallèle Ae à ab, donnent

$$x = \frac{(\gamma - \alpha)}{6 - \alpha}\, d.$$

On peut trouver de cette manière la projection d'un point dont la cote est 1 mètre; si l'on divise la projection de la droite en parties égales à la distance de cette projection à la trace de la droite sur le plan de comparaison, on aura l'*échelle de pente de la droite.*

108. *Sur une droite donnée, trouver la cote d'un point dont la projection est donnée.* — On rabat, comme pour le problème précédent, la droite donnée D (*fig.* 87, *Pl. V*) en AB; alors le rabattement du point qui se projette en *c* est le point C d'intersection de AB avec la perpendiculaire élevée au point *c* à *ab* (n° **83**), et la cote de ce point est la longueur C*c*. Pour trouver sa valeur numérique γ, on se sert encore des triangles semblables CA*d*, AB*e* formés en menant A*e* parallèle à *ab*. On a , en conservant les mêmes notations,

$$\frac{\gamma - \alpha}{\epsilon - \alpha} = \frac{x}{d};$$

d'où

$$\gamma - \alpha = \frac{\epsilon - \alpha}{d} x \quad \text{et} \quad \gamma = \alpha + \frac{\epsilon - \alpha}{d} x.$$

TROUVER L'INCLINAISON D'UN CHEMIN TRACÉ SUR UN PLAN COTÉ.

109. Les ingénieurs appellent *pente* d'une droite la tangente trigonométrique de l'angle de cette droite avec sa projection horizontale. D'après cette définition, la pente d'une droite est *le quotient de la différence des cotes de deux points de cette droite par la longueur de la droite qui joint les projections des deux points.*

La pente de la droite AB sera

$$\frac{\epsilon - \alpha}{ab}.$$

Pour trouver la *pente* ou l'*inclinaison* d'un chemin tracé sur un plan coté entre deux courbes de niveau consécutives, on prend la différence des cotes de ces courbes et on la divise par la projection du chemin. Cette projection diffère très-peu d'une ligne droite.

MANIÈRE DE REPRÉSENTER LES PLANS. CE QU'ON NOMME LIGNE DE PLUS GRANDE PENTE D'UN PLAN. ÉCHELLE DE PENTE.

110. On nomme *ligne de plus grande pente* d'un plan, la perpendiculaire menée dans ce plan à son intersection avec le plan de comparaison. Cette ligne est en effet la ligne qui, tracée dans le plan, a la pente maximum; car M (*fig.* 94, *Pl. V*) étant un point d'un plan P qui coupe le plan de comparaison suivant AB, si l'on mène Mp perpendiculaire à AB, Mq oblique à cette droite, et Mm perpendiculaire au plan de comparaison, les pentes de Mp et Mq seront $\dfrac{\mathrm{M}m}{mp}$ et $\dfrac{\mathrm{M}m}{mq}$. Mais mq est plus grand que mp; donc la pente de Mp est plus grande que celle de Mq.

Toute droite horizontale tracée dans un plan étant parallèle à l'intersection du plan et du plan de comparaison, a sa projection perpendiculaire à la projection de la ligne de plus grande pente du plan.

Un plan peut être représenté par la projection de sa ligne de plus grande pente avec les cotes des points où elle est rencontrée par des horizontales équidistantes. Cette ligne prend le nom d'*échelle de pente* du plan; elle est ordinairement indiquée dans le dessin par un trait double. Au moyen de cette échelle graduée on obtient facilement la cote d'un point du plan dont la projection est donnée.

COMMENT ON TROUVE L'ÉCHELLE DE PENTE D'UN PLAN ASSUJETTI A PASSER PAR TROIS POINTS DONNÉS PAR LEURS PROJECTIONS ET LEURS COTES.

111. Soient a, b, c (*fig.* 95, *Pl. V*) les projections de trois points dont les cotes sont y', y'', y'''; en joignant ab et ac, on aura deux droites situées dans le plan passant par ces trois points, et si l'on cherche la projection b' du point de ac

qui a la même cote y'' que le point b, la droite bb' sera une horizontale de ce plan.

L'horizontale du plan une fois déterminée, on lui mènera une perpendiculaire ab'' qui sera la ligne de plus grande pente du plan, et, à l'aide des cotes des trois points donnés, on construira facilement l'échelle de pente.

TRACER SUR UN PLAN COTÉ UN CHEMIN, UNE RIGOLE D'IRRIGATION.

112. Cette question peut s'énoncer de la manière suivante :

Tracer sur une surface donnée une courbe passant par deux points A *et* M *(fig. 96, Pl. V) et ayant en tous ses points une pente constante.*

Ce problème n'est pas susceptible d'une solution rigoureuse par des moyens purement élémentaires. Pour le résoudre et construire l'une des courbes passant par les points donnés (A, M), on considère comme rectilignes les parties comprises entre deux courbes de niveau consécutives; alors la longueur l de la projection d'une de ces parties est égale au quotient de la différence h des cotes des deux courbes de niveau par la pente p. Cette projection s'obtiendra donc en décrivant des circonférences ayant l pour rayon, et pour centres, la première le point A, la seconde le point B d'intersection de la première avec la courbe de niveau dont la cote est $a - h$, la troisième le point C d'intersection de la seconde avec la courbe de niveau $a - 2h$, et ainsi de suite; et en joignant par une ligne brisée les centres A, B, C, ..., M de ces circonférences. Pour que le problème soit possible, il faut que la plus courte distance du point A à la courbe de niveau $a - h$ soit moindre que l, que la plus courte distance du point B à la courbe de niveau $a - 2h$ soit moindre que l, et ainsi de suite.

CHAPITRE QUATRIÈME.

(Classe de rhétorique.)

APPLICATION DE LA TRIGONOMÉTRIE RECTILIGNE AU LEVÉ DES PLANS.

MESURE DES HAUTEURS.

113. Problème I. — *Trouver la hauteur d'une tour dont le pied est accessible, et dont la base est sur un terrain à peu près horizontal.*

Soient S le sommet de la tour (*fig. 27, Pl. II*), et SA sa hauteur. On emploiera un graphomètre; on le disposera en un lieu dont la distance à la tour ne soit ni trop grande ni trop petite par rapport à la hauteur, et l'on placera son limbe dans le plan vertical passant par le sommet de la tour.

Après avoir constaté que le diamètre du limbe est horizontal, on visera le point S, et l'on évaluera l'arc du limbe *ab* compris entre le diamètre et l'alidade; ce sera la mesure de l'angle C du triangle rectangle SCD. On prendra ensuite sur le terrain, à l'aide du fil à plomb, la projection B du centre de l'instrument; à partir de ce point B, on tracera un alignement dans la direction de l'alidade fixe C*a*, et l'on mesurera, avec la chaîne, la distance horizontale BA comptée dans cette direction, depuis le point B jusqu'à la tour. Comme CD = BA, on connaîtra dans le triangle rectangle SCD, le côté CD et l'angle aigu SCD; on pourra donc calculer SD, et en ajoutant AD ou BC, qui est la hauteur du graphomètre, on aura la hauteur cherchée.

114. Exemple. — On a trouvé

$$SCD = 34°35', \quad AB = 74^m,27,$$

et pour la hauteur BC du graphomètre, $1^m,10$. On a

$$SD = AB \text{ tang } SCD, \quad AS = SD + BC.$$

$$\log (74,27) \ldots \ldots \quad 1,8708134$$
$$\underline{\log \text{ tang } (34°35') \ldots \ldots \quad 9,8384867}$$

$$\log SD \ldots \ldots \ldots \ldots \quad 1,7093001$$
$$SD \ldots \ldots \ldots \ldots \quad 51,205$$
$$BC \ldots \ldots \ldots \ldots \quad 1,10$$
$$AS = 52^m,305$$

115. PROBLÈME II. — *Trouver la hauteur d'une tour dont le pied est inaccessible, mais dont la base est sur un terrain à peu près horizontal.*

Soit AS (*fig.* 28, *Pl. II*) la hauteur de la tour du pied de laquelle on ne peut approcher. On placera le graphomètre en un certain lieu B, et, comme dans le problème I, on disposera le limbe verticalement, de manière que son diamètre soit horizontal, et que son plan passe par le sommet S ; on visera le point S, et on évaluera l'angle SCD. On tracera un alignement BB' dans la direction de l'alidade Ca, et l'on transportera le graphomètre parallèlement à lui-même, de manière que son centre se trouve projeté en B' : alors, à l'aide de l'alidade mobile, on visera de nouveau le point S, et l'on évaluera l'angle SC'D. Enfin, on mesurera à la chaine la ligne BB' = CC'.

Le triangle SCC' donne

$$\frac{SC}{BB'} = \frac{\sin SC'D}{\sin (SC'D - SCD)}, \quad \text{d'où} \quad SC = \frac{BB' \sin SC'D}{\sin (SC'D - SCD)};$$

le triangle rectangle SCD donne aussi

$$SD = SC \sin SCD :$$

donc

$$SD = \frac{BB' \sin SCD \sin SC'D}{\sin (SC'D - SCD)}.$$

Par conséquent, on pourra calculer SD par la formule

$$\log SD = \log BB' + \log \sin SCD + \log \sin SC'D$$
$$+ \text{compl } \log \sin (SC'D - SCD) - 20 ;$$

en ajoutant ensuite au résultat la hauteur du graphomètre, on aura la hauteur cherchée.

116. Exemple. On a trouvé

$$BB' = 23^m,35, \quad SCD = 30° 29' 36'', \quad SC'D = 36° 45' 40'';$$

d'où

$$SC'D - (SCD) = 6° 16' 10'';$$

et pour la hauteur BC de l'instrument, $1^m,10$.

$$
\begin{aligned}
&\log 23,25 \dots\dots\dots\dots && 1,3664230 \\
&\log \sin (30° 29' 30'') \dots && 9,7053616 \\
&\log \sin (36° 45' 40'') \dots && 9,7770496 \\
&\text{compl} \log \sin (6° 16' 10'') \dots && 0,9617606 \\
\hline
&\log SD \dots\dots\dots\dots && 1,8105948 \\
&SD \dots\dots\dots\dots && 64,655 \\
&BC \dots\dots\dots\dots && 1,10 \\
&AS = 65^m,755
\end{aligned}
$$

117. *Remarque.* — Les solutions des problèmes I et II ne peuvent s'étendre à la détermination de la hauteur d'un édifice dont la base serait sur un terrain incliné ou inégal ; mais ce cas ne présente pas, comme on va le voir, de plus grandes difficultés.

118. Problème III. — *Trouver la hauteur d'une montagne.*

Soit SH (*fig.* 29, *Pl. II*) la hauteur qu'il faut mesurer. On prendra deux stations A et B, dont l'une A soit à peu près dans le plan horizontal du pied de la hauteur SH, et telles, qu'on puisse mesurer aisément avec la chaîne la distance effective des points A et B. On placera le graphomètre à la première station, de manière que le centre du limbe soit sur la verticale du point A, et l'on plantera en B un jalon muni d'un signal ; on amènera le plan du limbe à passer par le point S et par le signal D ; on mesurera l'angle SCD, puis, sans déplacer le pied de l'instrument, on placera le limbe verticalement, de manière que son diamètre soit horizontal, et que son plan passe toujours par le point S ; on visera le point S dans cette position, et on évaluera l'angle SCK formé par l'alidade mobile avec le diamètre du limbe. Enfin, on transportera l'instrument à la seconde station, de manière que son centre D soit projeté en B, et l'on plantera le jalon en A, puis, comme précédemment, on mesurera l'angle SDC.

La base $AB = CD$ ayant été mesurée à la chaine comme il a été dit plus haut, on connaîtra le côté CD et les trois angles du triangle SCD : ce triangle donnera

$$SC = \frac{CD \sin SDC}{\sin CSD},$$

puis le triangle rectangle CSK donnera

$$SK = SC \sin SCK ;$$

donc

$$SK = \frac{CD . \sin SDC . \sin SCK}{\sin CSD},$$

$$\log SK = \log CD + \log \sin SDC + \log \sin SCK$$
$$+ \text{compl} \log \sin CSD - 20 :$$

en ajoutant au résultat la hauteur $AC = KH$ du grapho-mètre, on aura la hauteur cherchée SH.

119. EXEMPLE. — On a trouvé

$$SCK = 30^\circ 30', \quad SCD = 85^\circ 25', \quad SDC = 83^\circ 50' ;$$

d'où $CSD = 10^\circ 45'$,

$$CD = 50^m, \quad \text{et} \quad AC = BD = 1^m,12.$$

$$
\begin{array}{lr}
\log 50 \dots\dots\dots & 1,6989700 \\
\log \sin (83^\circ 50') \dots & 9,9974797 \\
\log \sin (30^\circ 30') \dots & 9,7054689 \\
\text{compl} \log \sin (10^\circ 45') \dots & 0,7292652 \\
\hline
\log SK \dots\dots\dots & 2,1311838 \\
SK \dots\dots & 135,26 \\
KH \dots\dots & 1,12 \\
SH = 136^m,38 \\
\end{array}
$$

MESURE DES DISTANCES.

120. Problème IV. — *Trouver la distance d'un point à un point inaccessible.*

Soient C le point où l'observateur peut stationner, A le point inaccessible ; la distance à mesurer est AC (*fig* 30, *Pl. II*). On mesurera, avec la chaîne, une base convenable CD, à partir du point C; on déterminera au graphomètre les angles ACD et ADC, d'où l'on déduira la valeur de l'angle CAD; ensuite on calculera le côté AC par la formule

$$AC = \frac{CD \sin ADC}{\sin CAD}.$$

121. Problème V. — *Trouver la distance de deux points inaccessibles.*

Soient A et B (*fig.* 30, *Pl. II*) les deux points inaccessibles dont on veut déterminer la distance.

On mesurera, avec la chaîne, une base CD sur la portion du terrain où l'on peut stationner, puis, avec le graphomètre, les cinq angles BDC, ADC, ACD, BCD et ACB. Alors, dans les triangles ACD et BCD, où l'on connaît le côté CD et les angles, on pourra calculer les côtés AC et BC. Cela fait, on connaîtra dans le triangle ABC l'angle C et les deux côtés qui le comprennent; on pourra donc calculer le côté AB, et la question sera résolue.

Voici le moyen le plus simple de faire le calcul. Nous désignerons, comme à l'ordinaire, par A, B, C les angles du triangle ABC, et par a, b, c les côtés respectivement opposés, et nous ferons de plus CD $= \delta$. Les triangles BCD et ACD donnent respectivement

$$a = \frac{\delta \sin BDC}{\sin CBD}, \qquad b = \frac{\delta \sin ADC}{\sin CAD},$$

d'où

$$\log a = \log \delta + \log \sin BDC + \text{compl} \log \sin CBD - 10,$$
$$\log b = \log \delta + \log \sin ADC + \text{compl} \log \sin CAD - 10.$$

Maintenant on a, dans le triangle ABC,

$$\tan \tfrac{1}{2}(A - B) = \frac{a - b}{a + b} \cot \tfrac{1}{2} C.$$

Soit φ un angle auxiliaire tel que

$$b = a \tan \varphi, \quad \text{d'où} \quad \tan \varphi = \frac{b}{a};$$

on aura

$$\tan \tfrac{1}{2}(A + B) = \frac{1 - \tan \varphi}{1 + \tan \varphi} \cot \tfrac{1}{2} C,$$

ou, à cause de $\tan 45° = 1$,

$$\tan \tfrac{1}{2}(A - B) = \frac{\tan 45° - \tan \varphi}{1 + \tan 45° \tan \varphi} \cot \tfrac{1}{2} C = \tan(45° - \varphi) \cot \tfrac{1}{2} C.$$

L'angle φ se calculera d'abord par la formule

$$\log \tan \varphi = \log b - \log a + 10,$$

ou

$$(1) \quad \left\{ \begin{array}{l} \log \tan \varphi = \log \sin ADC + \log \sin CBD \\ + \text{compl} \log \sin CAD + \text{compl} \log \sin BDC - 10, \end{array} \right.$$

puis on aura aussi l'angle $\tfrac{1}{2}(A - B)$ par la formule

$$(2) \ \log \tan \tfrac{1}{2}(A - B) = \log \tan(45° - \varphi) + \log \cot \tfrac{1}{2} C - 10.$$

Connaissant A — B et A + B, on aura l'angle A ; enfin on aura la distance cherchée à l'aide de la formule

$$c = \frac{a \sin C}{\sin A},$$

d'où l'on déduit

$$(3) \quad \left\{ \begin{array}{l} \log c = \log \delta + \log \sin BDC + \text{compl} \log \sin CBD \\ + \log \sin C + \text{compl} \log \sin A - 20. \end{array} \right.$$

122. *Remarque I.* — L'emploi de l'angle auxiliaire φ

permet d'éviter le calcul des côtés a et b qu'on n'a pas besoin de connaître.

Remarque II. — Il est nécessaire, comme nous l'avons
dit, de mesurer directement l'angle ACB, car cet angle
n'est égal à la différence des angles ACD et BCD que dans
le cas très-particulier où les quatre points A, B, C, D
sont dans un même plan.

123. Voici un exemple numérique de ce problème.

EXEMPLE. — On a trouvé

$$CD = 60^m, \quad BDC = 121° 35', \quad ADC = 49° 20', \cdot$$
$$ACD = 89° 36' 35'', \quad BCD = 31° 22' 30'' \quad et \quad ACB = 67° 15' 40'' \cdot$$

On déduit de ces mesures,

$$CBD = 27° 2' 30'', \quad CAD = 41° 3' 25'', \quad 180° - BDC = 58° 25',$$
$$\tfrac{1}{2} C = 33° 37' 50'' \quad et \quad \tfrac{1}{2}(A + B) = 56° 22' 10''.$$

Calcul de l'angle φ (formule 1).

$$
\begin{array}{ll}
\log \sin (49° 20'')\ldots & 9,8799634 \\
\log \sin (27° 2' 30'')\ldots & 9,6576661 \\
\text{compl } \log \sin (41° 3' 25'')\ldots & 0,1825490 \\
\text{compl } \log \sin (58° 25')\ldots & 0,0696219 \\
\hline
\log \tan \varphi \ldots & 9,7898004 \\
\varphi = 31° 38' 45'' \\
45° - \varphi = 13° 21' 15''
\end{array}
$$

Calcul des angles $\tfrac{1}{2}(A - B)$ et A (formule 2).

$$
\begin{array}{ll}
\log \tan (13° 21' 15'')\ldots & 9,3754595 \\
\log \cot (33° 37' 50'')\ldots & 0,1770691 \\
\hline
\log \tan \tfrac{1}{2}(A - B)\ldots & 9,5525286 \\
\tfrac{1}{2}(A - B) = 19° 38' 26'',5 \\
\tfrac{1}{2}(A + B) = 56° 22' 10'' \\
\hline
A = 76° 0' 36'',5
\end{array}
$$

Calcul de la distance cherchée c (formule 3).

$$
\begin{aligned}
\log 60 \ldots\ldots\ldots\ldots\ldots &\quad 1,7781513\\
\log \sin (58° 25') \ldots\ldots\ldots &\quad 9,9303781\\
\text{compl } \log \sin (27° \ 2' \ 30'') \ldots\ldots &\quad 0,3423339\\
\log \sin (67° \ 15' \ 40'') \ldots\ldots &\quad 9,9648609\\
\text{compl } \log \sin (76° \ 8' \ 36'',5) \ldots\ldots &\quad 0,0130767\\
\hline
\log c \ldots\ldots\ldots\ldots\ldots &\quad 2,0288009\\
c = &\quad 106^{\text{m}},856
\end{aligned}
$$

124. PROBLÈME VI. — *Trouver la distance d'un point donné à la droite qui passe par deux points inaccessibles.*

On mesurera, à partir du point donné C, une base CD (*fig.* 30, *Pl. II*), et, comme dans le problème précédent, on mesurera aussi les cinq angles BDC, ADC, ACD, BCD et ACB. On calculera, à l'aide des formules (1) et (2), les angles A et B du triangle ABC; ensuite on aura la distance OC du point C à la droite AB, à l'aide de la formule

$$OC = b \sin A,$$

d'où l'on déduit

$$\log OC = \log \delta + \log \sin ADC + \text{compl} \log \sin CAD + \log \sin A - 20.$$

Remarque. — On pourrait calculer de même les segments AO et BO compris entre les points A et B, et le pied de la perpendiculaire OC. En effet, les formules $AO = b \cos A$, $BO = a \cos B$, donnent

$$\log AO = \log \delta + \log \sin ADC + \text{compl} \log \sin CAD + \log \cos A - 20,$$
$$\log BO = \log \delta + \log \sin BDC + \text{compl} \log \sin CBD + \log \cos B - 20.$$

125. PROBLÈME VII. — *Du sommet d'une tour dont la hauteur est donnée, on propose de déterminer la distance de deux points situés dans le même plan horizontal que la base de la tour.*

Soient SH = h (*fig.* 31, *Pl. II*) la hauteur connue de la tour, et AB la droite située dans l'horizon de sa base dont il faut trouver la longueur. L'observateur placé en S mesurera l'angle ASB, ainsi que les angles ASH et BSH : les triangles SAH et SBH donneront

$$AH = h \text{ tang SAH}, \quad BH = h \text{ tang SBH}.$$

On réduira l'angle ASB à l'horizon, on connaîtra, dans le triangle AHB, l'angle H et les deux côtés qui le comprennent, et, par conséquent, on pourra calculer AB.

Remarque. — Les applications de ce problème sont assez fréquentes. Quand un observateur est en un lieu élevé dont il connaît la hauteur à l'aide du baromètre, par rapport à un horizon inférieur, il peut, d'après ce qu'on vient de voir, mesurer très-aisément les distances des différents objets situés dans cet horizon.

PROBLÈMES DIVERS.

126. Problème VIII. — *Par un point accessible sur un terrain uni, tracer une ligne parallèle à une droite inaccessible.*

Soient C le point accessible, et AB la droite inaccessible (*fig.* 32, *Pl. II*); on opérera, comme il a été dit au n° **121**, pour calculer l'angle CAB. Cet angle étant connu, on disposera le graphomètre en C, de manière que l'alidade fixe soit dirigée sur CA, et l'on fera mouvoir l'alidade mobile jusqu'à ce que l'arc du limbe, compté à partir du diamètre, mesure le supplément de l'angle CAB; enfin, on formera un alignement, à l'aide de jalons, dans la direction de l'alidade, et l'on aura la ligne demandée.

127. Problème IX. — *Prolonger une ligne sur le terrain au delà d'un obstacle qui empêche de voir la direction de cette ligne.*

Soit AB (*fig.* 33, *Pl. II*) la droite dont il s'agit de tracer le prolongement au delà de l'obstacle O.

On mesurera à la chaîne la longueur AB, et l'on prendra une station E, qu'on puisse apercevoir des points A et B, et de laquelle on puisse voir le terrain sur lequel doit se trouver le prolongement de AB. Aux points A et B, on mesurera les angles A et B du triangle ABE, et l'on calculera le côté AE; à partir du point E, on tracera un alignement EF dirigé vers la partie du terrain qui est au delà de l'obstacle O et l'on mesurera l'angle AEF. Si C désigne le point de rencontre de l'alignement avec AB prolongée, on connaîtra dans le triangle ACE le côté AE et les angles, on calculera EC, et l'on aura, avec la chaîne, le point C sur le terrain; puis, traçant un alignement CD qui fasse avec EC un angle égal au supplément de ACE, on aura le prolongement cherché.

Remarque. — Si la droite AB était inaccessible, on se servirait d'une base auxiliaire menée par le point E, pour mesurer les éléments du triangle ABE, comme au n°. 121.

128. PROBLÈME **X.** — *Trouver le diamètre d'une tour circulaire inaccessible.*

On mesurera à la chaîne une base AB (*fig.* 34, *Pl. II*) quelconque, puis on placera le graphomètre de manière que son limbe soit horizontal et que son centre se projette en A. On disposera les alidades de telle sorte, que les lignes de visée soient tangentes à la tour, et l'on évaluera l'angle CAD; ensuite on fera mouvoir l'alidade mobile jusqu'à ce qu'on puisse apercevoir un jalon planté en B, et l'on évaluera l'angle CAB; en ajoutant à cet angle la moitié de CAD, on aura l'angle OAB formé par la ligne AB avec l'horizontale menée du point A à l'axe de la tour. En transportant l'instrument en B, on pourra de même mesurer l'angle des rayons visuels horizontaux tangents à la tour, ainsi que l'angle EBA, d'où l'on déduira l'angle OBA. Connaissant un côté AB et les angles du triangle OAB, on calculera

OA, et alors le triangle rectangle OAD, où l'on connaîtra l'hypoténuse OA et l'angle aigu OAD $= \frac{1}{2}$ DAC, permettra de calculer le rayon cherché OD.

129. Problème XI. — *Trois points* a, b, c (fig. 5, Pl. I) *sont situés sur un terrain uni, et l'on demande d'y retrouver le point* m *d'où les distances* ab *et* bc *ont été vues sous des angles* α *et* б *qu'on a déterminés.*

Posons $ab = a$, $bc = b$, et prenons pour inconnues les angles $mab = x$ et $mcb = y$; les triangles amb et cmb donnent

$$bm = \frac{a \sin x}{\sin \alpha}, \quad bm = \frac{b \sin y}{\sin б},$$

d'où

$$\frac{a \sin x}{\sin \alpha} = \frac{b \sin y}{\sin б},$$

et

$$\frac{\sin x}{\sin y} = \frac{b \sin \alpha}{a \sin б}.$$

Soit φ un angle auxiliaire tel que

$$\tang \varphi = \frac{b \sin \alpha}{a \sin б};$$

on aura

$$\frac{\sin x}{\sin y} = \tang \varphi,$$

d'où

$$\frac{\sin x - \sin y}{\sin x + \sin y} = \frac{\tang \varphi - 1}{\tang \varphi + 1},$$

ou (*voir* le *Traité de Trigonométrie* de M. Serret, n° 44)

$$\frac{\tang \frac{1}{2}(x - y)}{\tang \frac{1}{2}(x + y)} = \frac{\tang \varphi - \tang 45°}{1 + \tang \varphi \tang 45°} = \tang(\varphi - 45°).$$

On a d'ailleurs, en désignant par ω l'angle abc,

$$x + y = 360° - \alpha - б - \omega,$$

donc

$$\tang \tfrac{1}{2}(x - y) = \tang(\varphi - 45°) \tang\left(180° - \frac{\alpha + б + \omega}{2}\right).$$

A l'aide de cette formule, on calculera l'angle $\frac{1}{2}(x - y)$, et comme $x + y$ est connu, on aura les angles x et y qui déterminent la position du point m.

Remarque. — Si l'un des facteurs de tang $\frac{1}{2}(x - y)$ est nul sans que l'autre soit infini, les angles x et y sont égaux entre eux. Mais si le second facteur est infini, le premier est nul, et la valeur de tang $\frac{1}{2}(x - y)$ se présente sous la forme $\frac{0}{0}$. On peut vérifier que, dans ce cas, le problème est indéterminé. En effet, la condition pour que

$$\tan\left(180° - \frac{\alpha + 6 + \omega}{2}\right)$$

soit infinie est que

$$\alpha + 6 + \omega = 180°,$$

c'est-à-dire que le quadrilatère $abcm$ soit inscriptible; par conséquent, les deux segments capables des angles α et 6 construits sur ab et bc respectivement, et dont l'intersection détermine le point m, coïncident : alors tang $(\varphi - 45°)$ est nulle. En effet, tang $\varphi = \frac{b}{\sin 6} : \frac{a}{\sin \alpha}$: mais $\frac{b}{\sin 6}$ et $\frac{a}{\sin \alpha}$ sont les diamètres des cercles circonscrits aux triangles abm et acm, et puisque ces deux cercles coïncident, on a

tang $\varphi = 1$, par suite, $\varphi = 45°$, et tang $(\varphi - 45°) = 0$.

Questions proposées.

1. Quatre objets inaccessibles A, B, C, D sont en ligne droite, et ne peuvent être vus que du seul point O où l'on se trouve. On demande de calculer la distance BC, connaissant les longueurs AB et CD.

2. Déterminer l'angle sous lequel une droite inaccessible AB est vue d'un point C, également inaccessible.

3. Par un point O, on demande de tracer un alignement qui passe par le point d'intersection de deux alignements inclinés, mais qu'on ne peut prolonger jusqu'à leur point de rencontre.

CHAPITRE CINQUIÈME.

(Classe de mathématiques spéciales.)

APPLICATION DE LA TRIGONOMÉTRIE RECTILIGNE AU LEVÉ DES PLANS.

MESURE DES BASES AU MOYEN DES RÈGLES.

130. La chaîne et le graphomètre suffisent dans les opérations ordinaires de l'arpentage, et dans les levés de peu d'étendue qui n'exigent pas une grande précision ; mais, dans les opérations topographiques importantes, dans lesquelles on substitue des méthodes rigoureuses de calcul aux simples procédés graphiques qu'indique la Géométrie, il est nécessaire de donner aux mesures des angles et des bases toute la précision possible. Pour mesurer les bases, on emploie des appareils de règles plus ou moins compliqués, et l'on se sert d'un *cercle* pour mesurer les angles.

Les règles employées par Delambre et Méchain dans leurs opérations géodésiques étaient en métal. La longueur de chaque règle était connue à une température déterminée, et un thermomètre logé dans la règle permettait d'en calculer les variations, quand la température changeait. Dans les opérations topographiques on n'a pas besoin de cette excessive rigueur, et, pour éviter des corrections minutieuses, on emploie des règles en bois dont la longueur ne varie pas sensiblement avec la température.

Les différents appareils usités ne diffèrent entre eux que par des modifications peu importantes ; on emploie dans le génie militaire le système de règles imaginé par M. le colonel Clerc. Voici la description qu'il en donne lui-même dans

2ᵉ éd. 6

l'ouvrage intitulé : *Essai sur les éléments de la pratique des levés topographiques.*

131. L'appareil se compose de deux règles de 4 à 5 mètres de longueur (*fig.* 43, *Pl. II*). Ces règles sont en bois de sapin de droit fil; elles sont divisées en mètres et décimètres, et portent à chacune de leurs extrémités des cylindres en acier : l'un vertical en A, l'autre horizontal en B. Cette disposition est motivée sur ce qu'étant mis en contact, les cylindres ne se touchent qu'en un seul point, ce qui offre plus de précision. Le cylindre vertical A est porté par une languette a''' (*fig.* 44, *Pl. II*), divisée en millimètres et mobile dans une coulisse horizontale. Par cette disposition, au lieu de placer les règles en contact immédiat, on laisse entre elles un petit intervalle qui se mesure sur le coulisseau, établissant le contact par le mouvement seul du cylindre, sans qu'on puisse craindre de déplacer par un choc la dernière règle posée.

Les règles et leurs pieds sont réunis à angle droit par des doubles boîtes en tôle C (*fig.* 43, *Pl. II*), dans lesquelles les pieds et la règle se meuvent à volonté et se fixent ensuite au moyen de vis de pression D. C'est en faisant monter ou descendre les règles le long d'un de leurs pieds et au moyen d'un petit niveau à bulle d'air N, que l'on parvient à les amener dans une position horizontale. Pour faciliter cette opération, on a ajusté à l'extrémité inférieure de chacun de ces pieds une espèce de pédale en fer F, sur laquelle on appuie pour assujettir l'appareil dans le cas où il serait nécessaire d'élever la règle. On distingue les règles entre elles par les n^cs 1 et 2 qui y sont marqués.

Les règles de 5 mètres sont préférables à celles de 4, en ce qu'elles abrègent d'un cinquième le temps du mesurage, ce qui est important; mais lorsqu'il s'agit de voyager avec ces règles, le transport en est plus difficile. Pour éviter cet inconvénient, on les a brisées par le milieu, et les deux parties sont réunies au moyen d'une charnière G qui permet de les plier pour en rendre le transport plus facile, et de les redresser pour opérer. Dans ce cas, elles sont tenues fixes au moyen d'une pièce en fer H et de quatre boulons à vis.

Voici maintenant comment il faut se servir de l'appareil. Supposons d'abord le terrain horizontal, et soit LM (*fig.* 45, *Pl. III*) la ligne qu'il s'agit de mesurer. Cette ligne a été préalablement jalonnée, puis tracée au moyen d'un cordeau de 50 à 60 mètres, fortement tendu dans la direction de la ligne par deux piquets en fer *p*, à partir du point L, où doit commencer la mesure.

Pour opérer, les aides sont au nombre de quatre, deux pour chaque règle; ils sont placés à gauche, près des pieds. Le cordeau est tendu rapidement par un des aides, qui, muni d'une petite hache à tête X, enfonce le premier piquet *p*, près du point de départ; il tend alors le cordeau que le chef de la manœuvre fait entrer dans la ligne, et l'ayant fixé avec le second piquet, il revient à son poste.

La règle n° 1 étant placée, ses pieds exactement contre le cordeau, son extrémité arrière A à peu près dans la verticale du point de départ L, on l'amène dans une position horizontale au moyen des pieds et du niveau. Elle est maintenue dans cette position, pendant que le chef de la manœuvre, placé à droite des règles, amène le cylindre mobile A, au moyen du fil à plomb, exactement dans la verticale du point L. Pour cette opération, le plomb *a* (*fig.* 44, *Pl. II*) est terminé par un cône dont le sommet est dans la direction de l'axe du fil auquel il est suspendu. Ce fil est maintenu sur le cylindre A qui, comme le cylindre B, doit avoir en son milieu une rainure *a'*, dans laquelle la moitié du fil à plomb est engagée; c'est afin que l'axe du fil et celui du plomb se trouvent exactement sur l'arête du cylindre et soient sur la verticale exacte, que l'on fait passer par le milieu du piquet p, marquant l'extrémité de la ligne à mesurer. Le centre de ce piquet peut s'estimer à vue, mais il est plus exact de le marquer au moyen d'un clou à tête conique qu'on y enfonce, et l'on fait avancer le coulisseau a''' du cylindre mobile, jusqu'à ce que la pointe du plomb tombe exactement sur la tête du clou. Le chef de la manœuvre lit aussitôt sur la tige mobile la quantité dont il a dû la faire avancer pour obtenir ce résultat, et il inscrit sur son registre le nombre trouvé de millimètres ; quant aux fractions, elles s'estiment à vue (*).

Ce registre est composé de trois colonnes : la première porte le numéro de la règle posée ; la deuxième, la longueur de la règle ; enfin la troisième, la longueur dont la règle a été allongée.

Pendant le temps qu'on emploie à poser la première règle, la seconde est placée à la suite par les deux autres aides ; la première, étant alors prise pour repère, est tenue fixe et en équilibre.

La seconde règle se pose avec les mêmes précautions que la première, ses pieds contre le cordeau et son extrémité arrière à quelques centimètres de celle-ci. On la fixe en place en appuyant sur les pédales et en serrant les vis ; elle est rendue horizontale au moyen du niveau qu'elle porte, après quoi on amène le cylindre mobile A en contact avec le cylindre fixe B.

Après la lecture et l'inscription de cette nouvelle observation, le chef de la manœuvre sépare les deux cylindres sans frottement, en faisant éprouver à la première règle un léger mouvement de recul dans la direction de sa longueur, et il pousse cette règle en dehors. Alors les deux aides l'enlèvent et la portent en avant de la deuxième avec les précau-

---

(*) Dans certains appareils de règles, les languettes sont munies d'un petit vernier, qui permet d'atteindre un plus grand degré d'exactitude.

tions déjà indiquées, et ainsi de suite, jusqu'à l'extrémité de la ligne à mesurer.

132. Après que la dernière règle a été mise en contact avec la précédente, elle dépasse généralement l'extrémité de la ligne à mesurer; le long de celle-ci, en Y (*fig. 45, Pl. III*), on laisse tomber un fil à plomb qui marque quel nombre de mètres et fractions il faut ajouter aux règles entières pour avoir la longueur LM.

Supposons qu'on ait placé trente règles de 4 mètres, que la somme faite de toutes les languettes qui ont servi à leur réunion soit de $2^m,51$, et qu'enfin la fraction de règle qu'il a fallu ajouter pour compléter la mesure, soit de $1^m, 53$; on aura, pour la longueur totale,

$$4^m \times 30 + 2^m,51 + 1^m,53, \quad \text{ou} \quad 124^m,03.$$

133. Quand le terrain sur lequel on opère est incliné ou inégal (*fig. 46, Pl. III*), et qu'on ne peut pas placer les règles à la même hauteur, on se sert d'un fil à plomb pour amener le cylindre mobile A de l'une des règles à être en contact avec la même verticale que le cylindre fixe B de la règle suivante. En opérant ainsi, on obtient la distance LM réduite à l'horizon.

Il importe que la longueur des règles soit étalonnée sur le terrain au commencement et à la fin des opérations; on adopte pour la longueur des règles employées dans la mesure la moyenne des longueurs trouvées.

Ce mode de mesurage, bien pratiqué, donne la mesure des bases avec une approximation de $0^m,05$ par kilomètre; tandis que le chaînage bien fait donne pour erreur maximum $0^m,50$ par kilomètre en terrain plat, et 1 mètre par kilomètre en terrain accidenté.

MESURE DES ANGLES.

134. La mesure de l'angle formé par les rayons visuels,

qui aboutissent à deux points, comprend deux opérations.
La première consiste à faire coïncider deux rayons d'un cercle gradué avec les côtés de l'angle : elle s'effectue par deux
visées successives dans la direction de ces côtés ; la seconde
a pour objet d'évaluer le nombre de degrés et fractions de
degré compris entre les rayons qui coïncident avec les côtés
de l'angle.

USAGE DE LA LUNETTE POUR RENDRE LA LIGNE DE VISÉE PLUS PRÉCISE.

135. L'alidade à pinnules qu'on emploie dans les graphomètres donne un premier moyen de visée, mais, à cause
de la largeur des pinnules, la ligne de visée est mal déterminée, et sa direction peut varier d'un angle notable sans
cesser de passer par l'œilleton et la fenêtre correspondants.
La lunette, au contraire, quand elle est munie d'un réticule assure une ligne de visée indépendante de la position
de l'œil et déterminée presque mathématiquement par le
centre optique de l'objectif et la croisée des fils du réticule.

DESCRIPTION ET EMPLOI DU CERCLE.

136. On peut faire profiter le graphomètre de cet avantage, en substituant à l'alidade à pinnules une alidade à
lunette dans laquelle l'axe optique soit parallèle à la ligne
des zéros des verniers. On remplace alors le demi-cercle
gradué par un cercle entier, et l'instrument avec sa lunette
et ses verniers prend le nom de *cercle*. Le cercle employé
dans les grandes opérations topographiques est placé d'ordinaire sur un pied muni de vis calantes qui permettent
d'établir rigoureusement son horizontalité : il porte en outre
certains appendices destinés à assurer la précision des mesures. Le nombre des pièces accessoires, leur disposition

sont susceptibles de varier beaucoup. Le cercle dont nous allons donner la description est celui qui est employé à l'École des Ponts et Chaussées.

137. La partie principale de l'instrument est un cercle divisé EE sur lequel se meut une alidade DD (*fig.* 47, 48, 49, *Pl. III*), dont les extrémités sont taillées en biseau et portent des verniers. La ligne des zéros des verniers passe par le centre du limbe. L'alidade est réunie à une tige radiale u_2 u_3 portant un collet u_1 traversé par une vis de rappel U. L'écrou de cette vis est porté par une pince u'', dont les mâchoires pressent les deux faces du plateau divisé. Une vis de pression T permet de la fixer sur le limbe ; on desserre cette vis pour imprimer à l'alidade un mouvement rapide ; on la serre, au contraire, pour lui imprimer un petit déplacement à l'aide de la vis de rappel U.

La lunette A dont cette alidade mesure les mouvements, en l'entraînant avec elle, est portée par un support C perpendiculaire au plan du cercle ; elle peut tourner autour d'un axe B, et elle est tellement disposée, que le plan vertical décrit par son axe optique passe par le centre du limbe.

Il ne suffit pas, pour l'exactitude des opérations, que l'alidade se meuve avec sa lunette sur le cercle immobile ; il est utile que le cercle lui-même puisse se mouvoir avec toutes les pièces qui le surmontent. A cet effet, il est réuni à un plateau inférieur W à l'aide d'un manchon HH portant dans son axe un goujon conique e qui s'engage dans une colonne creuse II faisant corps avec le pied K de l'instrument. Le cône e est le pivot autour duquel on peut faire tourner le cercle supérieur par l'intermédiaire du plateau W. Comme l'alidade, ce plateau peut recevoir un mouvement rapide ou un mouvement lent. Le mouvement lent lui est transmis par une vis de rappel X engagée, d'une part, dans un collet fixé sur le pied de l'instrument, et, d'autre part, dans l'écrou d'une pince mobile dont les mâchoires pressent les deux faces du plateau W. Une vis de pression V est adaptée à cette pince.

Le pied de l'instrument est muni de trois vis calantes L, L, L qui servent à rendre le plan du cercle horizontal. On constate l'horizontalité du limbe au moyen d'un niveau à bulle d'air G porté par l'alidade D. Cette opération exige toujours des tâtonnements. Pour les abréger, on fait tourner tout l'instrument de manière à rendre le niveau parallèle à la ligne des deux vis calantes L, L. Si dans cette position et dans la position à 180 degrés, la bulle du niveau est restée entre ses deux repères, on est sûr que le limbe n'est pas incliné dans la direction LL. Si la bulle ne reste pas au zéro dans une position ou dans l'autre, on fera mouvoir les deux vis L, L pour redresser l'instrument, et le sens dans lequel on devra tourner sera indiqué par le déplacement de la bulle. Après avoir placé la bulle au zéro dans une position, on fera tourner tout l'appareil de 180 degrés, et l'on s'assurera que la bulle n'a pas changé de place. Lorsqu'on aura constaté qu'il n'y a plus aucune obliquité dans le sens des deux vis L, L, on fera tourner tout l'instrument sur le pivot *e* pour amener le niveau à 90 degrés de la direction LL, et à l'aide de la troisième vis on parviendra, après quelques tâtonnements, à rectifier cette position comme la première. Le limbe sera alors parfaitement horizontal, et dans toutes les positions qu'il prendra en tournant autour de son axe, la bulle du niveau restera entre ses repères.

Quand on a ainsi assuré la position de l'instrument, on peut l'arrêter sur la table MR qui le porte, au moyen d'une cheville *s* taillée en vis à son extrémité. Cette extrémité s'engage dans un écrou S pratiqué au-dessous du pied de l'instrument. Un ressort à boudin, attaché par une extrémité à un croisillon *s''* de la tige *s*, et par l'autre à la base du manchon, appuie le pied de l'instrument contre la table et assure sa fixité.

Pour donner à l'observateur le moyen de constater que le limbe est resté fixe pendant l'opération de la mesure de l'angle, on joint à l'instrument une seconde lunette Q mobile autour d'un axe P qui est porté par un petit manchon N, entourant le manchon HH, et tournant sur lui à frottement doux. Un second manchon N', embrassant également le manchon HH auquel il peut être fixé par une vis de pression Y, est lié à N par une vis de rappel Y'. Cette vis sert à donner de petits déplacements à la lunette Q quand le manchon N' est fixé.

138. Pour mesurer l'angle compris entre deux plans verticaux qui passent par deux objets (l'angle réduit à l'horizon), on commence par disposer le centre du cercle sur la verticale du sommet de l'angle, et, après avoir établi l'horizontalité du limbe comme nous venons de l'indiquer, on fait tourner l'alidade indépendamment du cercle jusqu'à ce que les lignes de foi des verniers coïncident avec la ligne (0°, 180°) de la graduation : cette coïncidence peut être établie exactement au moyen de la vis de rappel U. On fait alors tourner le cercle E et tout ce qui le surmonte, et l'on fait mouvoir en même temps la lunette A autour de l'axe B jusqu'à ce que la ligne de visée soit dirigée sur le premier des objets que l'on veut viser. Quand, à l'aide des petits mouvements de la vis de rappel X, on est parvenu à remplir cette condition, on amène l'axe optique de la lunette Q sur un objet facile à reconnaître et situé à une distance assez grande du lieu de l'observation. Alors, on desserre la vis T, et, par le déplacement de l'alidade, on amène la lunette A dans la direction du second objet. Les lignes de foi des verniers se sont déplacées, l'une à partir du point 0 degré, l'autre à partir du point 180 degrés, de deux arcs qui se-

raient rigoureusement égaux si le centrage était parfait, et qui donneraient chacun la valeur de l'angle réduit à l'horizon. Dans tous les cas, la moyenne des deux lectures fournira la valeur de l'angle.

La lunette inférieure n'a pas dû bouger pendant cette opération (autrement il faudrait la recommencer); on s'en assure, en voyant si elle est toujours pointée sur le même point de la mire éloignée.

139. Si l'on veut employer le principe de la répétition des angles, on desserre la vis inférieure V, et en faisant tourner le limbe on ramène la lunette A dans la direction du premier côté de l'angle à mesurer, on desserre aussi la vis Y, et on ramène la lunette Q sur l'objet éloigné qui lui servait de mire dans la première opération. On déplace ensuite l'alidade de manière à amener la lunette dans la direction du second côté de l'angle; la ligne de foi du vernier marque alors sur le limbe un angle double de l'angle à mesurer. On aura, par le même moyen, un angle triple, quadruple, décuple, etc., et l'erreur de lecture, qui ne dépend pas de la grandeur de l'angle, pourra être atténuée autant qu'on voudra.

DIVISION DU CERCLE.

140. Le limbe du cercle est divisé ordinairement en quarts ou cinquièmes de degré : il serait difficile de réaliser une graduation en fractions plus petites. On le comprendra sans peine si l'on remarque que sur un cercle de 45 centimètres de diamètre, un degré occupe un peu moins de 4 millimètres, un quart de degré 1 millimètre, et un cinquième de degré 0,6 de millimètre environ. Dans le cas d'un cercle divisé en cinquièmes de degré, on pourra, à l'aide d'un vernier donnant les vingtièmes, évaluer un angle à moins de 36 secondes d'erreur, approximation très-suffisante pour toute opération topographique.

VERNIERS.

141. Le vernier est une petite règle destinée à évaluer approximativement une fraction de division d'une autre règle partagée en parties égales. Lorsque cette approximation doit être de $\frac{1}{n}$ de la division, le vernier est divisé en n parties égales et a une longueur égale à $n - 1$ divisions de la règle principale. Ainsi, AB étant la règle principale (*fig.* 93, *Pl. V*), que nous supposerons divisée en millimètres, pour évaluer à moins de $\frac{1}{10}$ de millimètre la distance du trait 3 au point M situé entre 3 et 4, on prend un vernier CD divisé en 10 parties égales dont chacune renferme 0,9 de millimètre et on le place contre la règle de manière que son zéro coïncide exactement avec le point M. Il peut se présenter deux cas :

1°. L'un des traits du vernier coïncide avec l'un des traits de la règle; alors le numéro de la division du vernier dont il s'agit fait connaître exactement les dixièmes de millimètre contenus dans la longueur à mesurer. C'est le cas de la *fig.* 93, *Pl. V*. Comme le trait 7 du vernier coïncide avec celui qui est marqué 10 sur la règle, la distance 3 M est exactement de 0^{mm},7. Cela résulte immédiatement de la manière dont on construit le vernier; en effet, comme une division de la règle surpasse de 0^{mm},1 une division du vernier, il s'ensuit que la distance des traits marqués 9 sur la règle et 6 sur le vernier, sera de 0^{mm},1; la distance des points marqués 3 et 5 sera de 0^{mm},2, etc.; enfin, la distance des points marqués 3 sur la règle et 0 sur le vernier sera de 0^{mm},7.

2°. Aucun des traits du vernier ne coïncide avec un des traits de la règle; on cherche quels sont les deux traits consécutifs du vernier qui sont compris entre deux traits consécutifs de la règle : le plus petit des numéros des divisions du vernier dont il s'agit, fait connaître le plus grand nombre de dixièmes de millimètre contenus dans la longueur à évaluer. Dans la *fig.* 92, *Pl. V*, ce sont les traits 7 et 8 du vernier qui tombent entre les traits 10 et 11 de la règle ; alors la distance 3 M est égale à 0^{mm},7, ou à 0^{mm},8 à moins de 0^{mm},1. En effet, si l'on fait glisser le vernier de manière que son trait 7 coïncide avec 10 de la règle, et ensuite que son trait 8 coïncide avec 11 de la règle, les distances du trait 3 de la règle aux points où sera placé successivement le zéro du vernier, seront de 0^{mm},7 et de 0^{mm},8, et il est évident que la première de ces longueurs est inférieure à 3 M, tandis que la seconde lui est supérieure.

142. Un arc d'un limbe circulaire pouvant se mesurer avec une règle circulaire de même rayon que le limbe, comme une ligne droite se mesure avec une règle droite ; ce que nous venons de dire sur le vernier rectiligne suffit pour montrer comment, avec un vernier circulaire construit comme le vernier rectiligne, on peut évaluer approximativement une fraction de division d'un limbe divisé.

MESURE ET CALCUL D'UN RÉSEAU DE TRIANGLES.

143. Nous avons indiqué, aux n°s 27 et 28, le but de la triangulation d'un terrain, les dispositions à prendre pour le choix des triangles et les éléments à mesurer pour rapporter ces triangles sur le papier. Ce que nous avons dit n° 35 suffit pour des levés de peu d'étendue et pour des cartes construites à une petite échelle. Mais, lorsqu'il s'agit d'opérations topographiques importantes pour lesquelles on a employé les appareils plus précis que nous venons de décrire, lorsque la carte a des dimensions considérables, il n'y a plus lieu de penser à rapporter, par les procédés géométriques ordinaires, les triangles sur le papier : il faut re-

courir à de nouvelles méthodes, et c'est alors que le calcul intervient nécessairement.

Voici la méthode que l'on emploie.

On rapporte les sommets du canevas principal à deux axes rectangulaires, dont l'un est le développement rectiligne du méridien principal de la carte, et l'autre le développement d'un arc de cercle perpendiculaire à ce méridien ; on peut alors découper la feuille sur laquelle on dessine en plusieurs compartiments, et, pour faciliter le travail du dessinateur, diviser chaque feuille en carrés par des lignes équidistantes parallèles à la méridienne et à sa perpendiculaire.

144. Pour déterminer les coordonnées des sommets du canevas, on commence par calculer les triangles comme si l'on voulait les construire à l'aide de leurs côtés ; puis on prend les projections de ces côtés sur les deux axes de la carte. Le calcul de ces projections exige un élément nouveau, l'azimut de l'un des côtés du réseau ou l'inclinaison de ce côté sur le méridien du lieu principal. L'azimut d'un côté quelconque du réseau en est facilement conclu.

La détermination de l'azimut de la base peut se faire à l'aide du cercle décrit n° 137, ou mieux à l'aide du *théodolite* de Gambey.

Lorsque la méridienne de l'une des extrémités de la base est tracée sur le sol, la détermination de l'azimut se réduit à une mesure d'angle ordinaire ; elle consiste à trouver l'angle compris entre une mire placée sur la direction de cette méridienne et la seconde extrémité de la base. Le cercle ordinaire suffit. Mais la méridienne du lieu où l'on opère est rarement tracée, et sa détermination exigerait un observatoire ou au moins une bonne lunette méridienne solidement établie ; il est plus simple de se servir du théodolite. Nous allons décrire cet instrument et la manière d'en faire usage.

145. *Théodolite.* — Le théodolite a les plus grands rapports avec le cercle dont nous avons donné la description n° 137 ; il n'en diffère, sauf quelques points de détail, qu'en ce que les mouvements de la lunette supérieure ont une plus grande amplitude et sont mesurés sur un cercle gradué.

Les détails que nous avons donnés à l'occasion du cercle nous dispensent de nouveaux développements. Nous nous bornerons à une simple légende de cet instrument (*figure* p. 95).

G est la lunette ; elle est portée par un cercle concentrique au cercle divisé A et roulant dans ce cercle. La rotation s'opère autour de l'axe horizontal B. Cet axe est susceptible de petits mouvements autour d'un axe rectangulaire ; on les imprime à l'aide d'une vis de rappel *c*.

Un axe vertical C supporte les coussinets, les supports du cercle gradué A et le contre-poids D destiné à équilibrer le système du cercle et de la lunette. L'axe C est emporté avec tout ce qu'il supporte par un cercle concentrique au cercle divisé E, et mobile à l'intérieur de ce cercle. Le cercle E est horizontal ; il donne les azimuts : il est mobile ainsi que le cercle A ; une pince *d* sert à le fixer. Des pinces *e*, *f*, munies de vis de pression et de rappel, rattachent aux cercles E et A les cercles concentriques.

Un niveau F sert à constater que l'axe C est vertical ; un niveau mobile est employé pour vérifier la verticalité du cercle A. On le pose au-dessus de l'axe B, et la fourchette *h* est destinée à le retenir.

Une lunette témoin H est adaptée au pied de l'instrument ; elle ne peut prendre que de petits déplacements autour de sa position ; une vis de rappel *g* sert à la faire mouvoir.

146. Pour mesurer l'angle compris entre les plans verticaux de deux objets, on fait tourner la partie supérieure de l'instrument jusqu'à ce que l'index du cercle horizontal intérieur tombe au zéro de la graduation du limbe E. On fixe le cercle dans cette position au cercle E, et l'on fait tourner

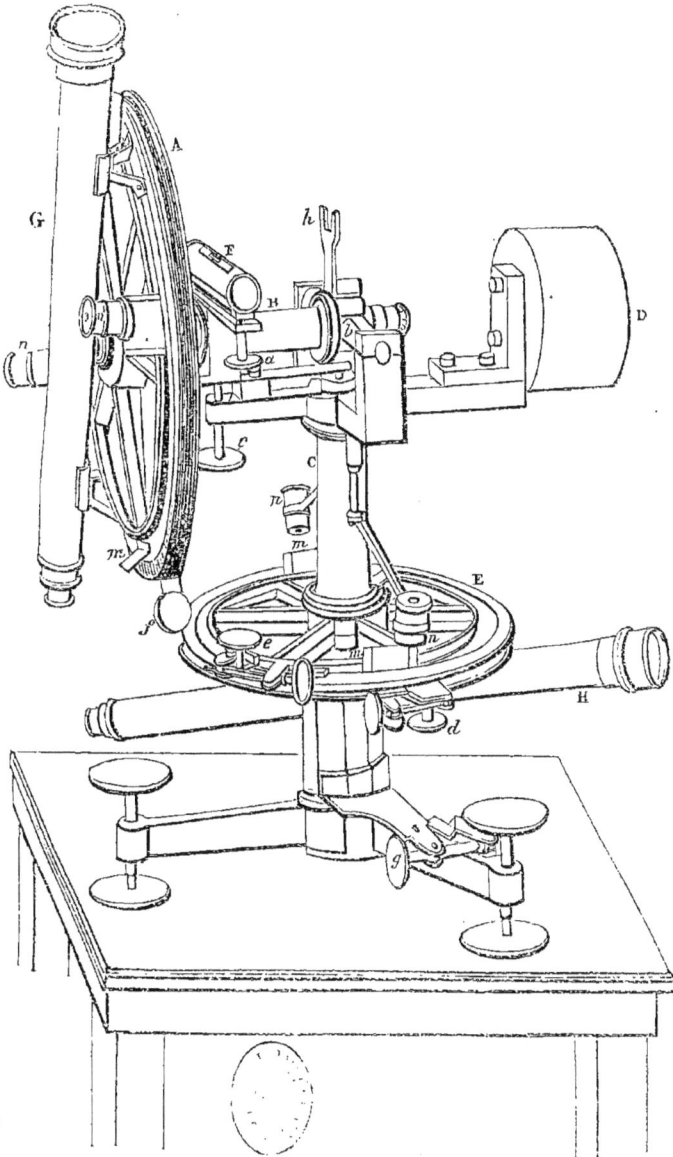

ce cercle, en faisant en même temps mouvoir la lunette G,
jusqu'à ce que l'axe optique de cette lunette soit exactement
dirigé vers le premier des deux objets que l'on veut ob-
server. On fixe le limbe dans cette position au moyen de la
pince d; on desserre la pince e, et l'on amène l'axe de la
lunette G à passer par le second objet. L'index du cercle
horizontal intérieur donne l'angle des deux plans verticaux. Des verniers sont portés par ce cercle ; leurs divisions
sont éclairées par des miroirs m et des microscopes n, n
en facilitent la lecture.

Le théodolite permet de définir complétement la position
d'un objet; il donne à la fois l'angle du rayon visuel mené
à l'objet avec la verticale du lieu d'observation, et l'angle
du *vertical* de l'objet avec le plan vertical pris pour plan de
comparaison.

147. La détermination de l'azimut au moyen du théodolite peut se faire par deux méthodes : 1° par l'observation
d'une étoile; 2° par l'observation du Soleil.

1re *méthode.* — On place un réverbère au signal dont on
veut avoir l'azimut; on dirige la lunette du théodolite vers
ce point, et on la ramène vers une étoile qui n'a pas encore
atteint sa culmination. On mesure l'angle décrit par l'index
du cercle horizontal, et l'on attend l'instant où l'étoile se
retrouve à la même hauteur au-dessus de l'horizon. On fait
tourner la partie supérieure du théodolite autour de son
axe vertical sans changer l'inclinaison de la lunette de manière à viser l'étoile, on lit le nouvel angle parcouru par
l'index sur le cercle horizontal : et la demi-somme des deux
lectures donne l'azimut cherché.

Le résultat qu'on obtient par cette méthode est indépen-
dant de la réfraction atmosphérique si les circonstances de
température et de pression sont restées les mêmes pendant
la durée des opérations.

148. 2e *méthode.* — La mesure de l'azimut par l'observa-

tion du Soleil se fait plus commodément parce que, dans les observations de nuit, il faut éclairer les fils du réticule.

On choisit une station dont la latitude est exactement connue, et lorsque le soleil est près de l'horizon, on amène le fil vertical de la lunette alternativement en contact avec les deux bords du disque. On a ainsi par une moyenne l'angle entre le centre du Soleil et l'objet terrestre pour l'heure moyenne des deux observations, à la condition qu'elles seront très-rapprochées. On calcule ensuite l'azimut du centre du soleil pour l'heure vraie de l'observation, et, par une addition ou une soustraction, on obtient l'azimut de l'objet.

149. L'azimut du Soleil se calcule facilement. Le triangle sphérique formé par les trois points *Soleil, pôle, zénith*, dans lequel on connaît la distance zénithale du Soleil SZ, le complément de la latitude du lieu PZ et l'angle horaire SPZ, fera connaître la distance polaire Δ, et l'on calculera l'azimut du centre du Soleil, compté du nord à l'est, et l'angle S formé par son cercle de déclinaison et le vertical ZS par les formules (*Analogies de Neper*) :

$$\tan \tfrac{1}{2}(A + S) = \cot \tfrac{1}{2} H \, \frac{\cos \tfrac{1}{2}(\Delta - C)}{\cos \tfrac{1}{2}(\Delta + C)},$$

$$\tan \tfrac{1}{2}(A - S) = \cot \tfrac{1}{2} H \, \frac{\sin \tfrac{1}{2}(\Delta - C)}{\sin \tfrac{1}{2}(\Delta + C)}.$$

L'heure de l'observation est un élément important de ces formules; une seconde d'erreur sur le temps en produirait plusieurs sur l'azimut. Il faut donc, avant de faire une observation de ce genre, vérifier scrupuleusement la marche de la pendule.

Les angles que nous employons dans nos calculs sont censés corrigés de l'erreur de parallaxe et de l'erreur de réfraction.

150. Nous compléterons ce que nous avons dit sur la mesure et le calcul d'un réseau de triangles en indiquant un moyen simple de vérifier les observations, et en présentant le type des calculs d'une triangulation.

La vérification d'une opération topographique est fondée sur le théorème suivant :

Si l'on joint les sommets d'un polygone fermé ABCDEFG (fig. 20, Pl. I) *à un point intérieur* O, *et que l'on numérote à partir de* 1 *les angles à la base des triangles* BCO, *etc., dans l'ordre où ils se présentent, quand on parcourt le polygone toujours dans le même sens, à partir d'un sommet quelconque* A, *le produit des sinus des angles de rang pair est égal au produit des sinus des angles de rang impair.*

En effet, les triangles AOB, BOC, etc., donnent

$$\frac{AO}{OB} = \frac{\sin(2)}{\sin(1)}, \quad \frac{OB}{OC} = \frac{\sin(4)}{\sin(3)}, \quad \frac{OC}{OD} = \frac{\sin(6)}{\sin(5)}, \quad \frac{OD}{OE} = \frac{\sin(8)}{\sin(7)},$$

$$\frac{OE}{OF} = \frac{\sin(10)}{\sin(9)}, \quad \frac{OF}{OG} = \frac{\sin(12)}{\sin(11)}, \quad \frac{OG}{OA} = \frac{\sin(14)}{\sin(13)};$$

et, en multipliant membre à membre,

$$\frac{\sin(2)\sin(4)\sin(6)\sin(8)\sin(10)\sin(12)\sin(14)}{\sin(1)\sin(3)\sin(5)\sin(7)\sin(9)\sin(11)\sin(13)} = 1;$$

ce qu'il fallait démontrer.

On déduit de là

$$\log\sin(1) + \log\sin(3) + \ldots + \log\sin(13)$$
$$= \log\sin(2) + \log\sin(4) + \ldots + \log\sin(14).$$

Tous ces logarithmes ont été pris dans la Table ; on les substituera dans l'égalité précédente ; et si la différence des deux membres est trop considérable, on devra en conclure que les observations n'ont pas été suffisamment bien faites.

TYPE DES CALCULS D'UNE TRIANGULATION.

151. Les bases des triangles dont le sommet est en O forment l'ensemble du polygone principal. Voici le calcul détaillé des six triangles qui composent ce polygone, avec les éléments observés et calculés des six autres triangles indiqués dans la *fig.* 21, *Pl. I* (*) :

(*) Ces détails sont empruntés aux Leçons lithographiées de M. le chef de bataillon Bichot, commandant de la brigade topographique du Génie.

Triangulation de......(fig. 21, Pl. I).

Triangle ABO   A $= 70°21'40''$
Base mesurée AB $= 941^m,60$ B $= 72°\ 3'30''$
                                      O $= 37°34'50''$
                                      $\overline{\qquad\qquad}$
                                      $180°\ 0'\ 0''$

$$\frac{AO}{\sin 72°3'30''} = \frac{BO}{\sin 70°21'40''} = \frac{AB}{\sin 37°34'50''}.$$

log AB.......... 2,9738664
log sin 72° 3'30''...... 9,9783497
compl log sin 37° 34' 50''...... 0,2147583
$\overline{\qquad\qquad}$
log AO...... 3,1669744
AO $= 1468^m,84$
$\overline{\qquad\qquad}$
log AB........... 2,9738664
log sin 70° 21' 40''...... 9,9739723
compl log sin 37° 34' 50''...... 0,2147583
$\overline{\qquad\qquad}$
log BO........... 3,1625970
BO $= 1454^m,11$

$\overline{\qquad\qquad\qquad\qquad\qquad\qquad\qquad\qquad\qquad}$

Triangle BCO   B $=\ \ 56°32'50''$
BO $= 1454^m,11$ C $=\ \ 76°12°10''$
                          O $=\ \ 47°15'\ 6''$
                          $\overline{\qquad\qquad}$
                          $180°\ 0'\ 0''$

$$\frac{BC}{\sin 47°15'0''} = \frac{CO}{\sin 56°32'50''} = \frac{BO}{\sin 76°12'10''}.$$

log BO........... 3,1625970
log sin 47° 15' 0''........ 9,8658868
compl log sin 76° 12' 10''........ 0,0127155
$\overline{\qquad\qquad}$
log BC.......... 3,0411973
BC $= 1099^m,51$
$\overline{\qquad\qquad}$
log BO.......... 3,1625970
log sin 56° 32' 50'' 9,9213433
compl log sin 76° 12' 10''.. .. 0,0127155
$\overline{\qquad\qquad}$
log CO........... 3,0966558
CO $= 1249^m,27$

Triangle CDO $C = 46° 29' 20''$

CO $= 1249^m,27$ $D = 54° 43' 40''$

                    $O = \underline{78° 47' \ 0''}$

                     $180° \ 0' \ 0''$

$$\frac{CD}{\sin 78° 47' 0''} = \frac{DO}{\sin 46° 29' 20''} = \frac{CO}{\sin 54° 43' 40''}.$$

log CO 3,0966558

log sin 78° 47′ 0″. 9,9916241

compl log sin 54° 43′ 40″. 0,0880876

        log CD . . . . $\overline{3,1763675}$

           CD $= 1500^m,95$

        log CD 3,0966558

     log sin 46° 29′ 20″. 9,8604823

compl log sin 54° 43′ 40″. 0,0880876

        log DO . . . . $\overline{3,0452257}$

           DO $= 1109^m,75$

Triangle DEO $D = \ \ 84° 55' 40''$

DO $= 1109^m,75$ $E = \ \ 47° 54' 30''$

                   $O = \underline{\ \ 47° \ 9' 50''}$

                    $180° \ 0' \ 0''$

$$\frac{ED}{\sin 47° 9' 50''} = \frac{EO}{\sin 84° 55' 40''} = \frac{DO}{\sin 47° 54' 30''}.$$

        log DO 3,0452257

    log sin 47° 9′ 50″. . . . 9,8652826

compl log sin 47° 54′ 50″ 0,1295532

         log ED . . . . $\overline{3,0400615}$

            ED $= 1096^m,63$

       log DO 3,0452257

    log sin 84° 55′ 40″. . . 9,9982960.

comp log sin 47° 54′ 30″. . . . 0,1295532

         log EO . . . . $\overline{3,1730749}$

           EO $= 1489^m,62$

Triangle EFO $\quad$ E $=$ 39° 12′ 20″

EO $=$ 1489$^\mathrm{m}$,62 $\quad$ F $=$ 86° 30′ 31″

$\qquad\qquad\qquad$ O $=$ 54° 17′ 10″

$\qquad\qquad\qquad\overline{\qquad 180°\ 0′\ 0″ \qquad}$

$$\frac{EF}{\sin 54° 17′ 10″} = \frac{FO}{\sin 39° 12′ 20″} = \frac{EO}{\sin 86° 50′ 30″}$$

log EO........ .. 3,1730749

log sin 54° 17′ 10″.... 9,9095250

compl log sin 86° 30′ 30″.... 0,0008069

$\qquad\overline{\qquad\qquad\qquad\qquad}$

$\quad$ log EF........ .. 3,0834068

$\qquad$ EF $=$ 1211$^\mathrm{m}$,73

log EO.... 3,1730749

log sin 39° 12′ 20″..... 9,8007888

compl log sin 86° 30′ 30″..... 0,0008069

$\qquad\overline{\qquad\qquad\qquad\qquad}$

$\quad$ log FO........... . 2,9746706

$\qquad$ FO $=$ 943$^\mathrm{m}$,34

Triangle AFO $\quad$ A $=$ 31° 13′ 50″

FO $=$ 943$^\mathrm{m}$,34 $\quad$ F $=$ 53° 50′ 0″

$\qquad\qquad\qquad$ O $=$ 94° 56′ 10″

$\qquad\qquad\qquad\overline{\qquad 180°\ 0′\ 0″ \qquad}$

$$\frac{AF}{\sin 94° 56′ 10″} = \frac{AO}{\sin 53° 50′ 0″} = \frac{FO}{\sin 31° 13′ 50″}.$$

log FO......... 2,9746706

log sin 94° 56′ 10″.... 9,9983863

compl log sin 31° 13′ 50″.... 0,2852654

$\qquad\overline{\qquad\qquad\qquad\qquad}$

$\quad$ log AF......... 3,2583223

$\qquad$ AF $=$ 1812$^\mathrm{m}$,68

log FO......... 2,9746706

log sin 53° 50′ 0″.. . 9,9070370

comp log sin 31° 13′ 50″.... 2,2852654

$\quad$ log AO......... 3,1669730

$\left[\begin{array}{l}\text{(AO, côté déjà fourni par le} \\ \text{premier triangle, vérification.)}\end{array}\right]$ AO $=$ 1468$^\mathrm{m}$,83

TRIANGLES.	ANGLES.	COTÉS
ABG	A = 86.39.40$''$ B = 28.42.50 G = 64.37.30 —————— 180. 0. 0	BG = 1040,37 AG = 500,68 AB = 941,60
ABH	A = 52.57.20 B = 65.51.00 H = 61.11.40 —————— 180. 0. 0	BH = 857,69 AH = 980,52 AB = 641,60
CDI	C = 45.56.10 D = 33.59.20 I = 100. 4.30 —————— 180. 0. 0	DI = 1095,43 CI = 852,22 CD = 1500,95
DIJ	D = 66.36.10 I = 44.15.00 J = 69. 8.50 —————— 180 0. 0	IJ = 1075,82 DJ = 817,95 DI = 1095,43
DEK	D = 33.55.00 E = 28.12.40 K = 117.52.20 —————— 180. 0. 0	EK = 692,21 DK = 586,43 DE = 1096,63
EKL	E = 47.52.30 K = 50.49.00 L = 81.18.30 —————— 180. 0. 0	KL = 519,36 EL = 542,78 ED = 692,21

RÉDUCTION DES ANGLES AUX CENTRES DES STATIONS.

152. Dans ce qui précède, nous avons supposé que pour mesurer un angle ACB (*fig.* 19, *Pl. I*) on pouvait se mettre

en station au sommet C de l'angle. Il n'en est pas toujours ainsi : ce point peut être inaccessible comme le centre d'une tour ou d'un clocher; alors on place l'instrument en un point O voisin du point C, et l'on mesure l'angle AOB, nommé *angle de position*. L'opération par laquelle on déduit de cette mesure la valeur de l'angle cherché, est dite *réduction de l'angle au centre de la station*. Pour l'effectuer, posons

$$ACB = C, \quad AOB = O, \quad CAO = A, \quad CBO = B, \quad OC = r,$$
$$AC = g, \quad CB = d,$$

et représentons par γ l'angle AOC que l'on nomme *angle de direction*.

Le point I étant l'intersection de CB et de OA, les deux triangles AIC, BIO donnent

$$A + C = B + O,$$

d'où

$$C = O + B - A.$$

La question sera résolue, si l'on peut obtenir les angles B et A.

Dans le triangle CBO, on a la proportion

$$\frac{r}{d} = \frac{\sin B}{\sin(O + \gamma)},$$

d'où

$$\sin B = \frac{r}{d} \sin(O + \gamma);$$

on a de même par le triangle CAO,

$$\sin A = \frac{r}{g} \sin \gamma,$$

et, en divisant par sin $1''$, il vient

$$\frac{\sin B}{\sin 1''} = \frac{r \sin(O + \gamma)}{d \sin 1''}, \quad \frac{\sin A}{\sin 1''} = \frac{r \sin \gamma}{g \sin 1''}.$$

Or les angles B et A sont en général assez petits pour qu'on puisse remplacer $\dfrac{\sin B}{\sin 1''}$ et $\dfrac{\sin A}{\sin 1''}$ par le rapport des angles

B et A à l'angle de $1''$; par conséquent, les valeurs des angles B et A en secondes seront données par les formules

$$B = \frac{r \sin(O + y)}{d \sin 1''}, \quad A = \frac{r \sin y}{g \sin 1''};$$

on aura donc, pour la valeur de l'angle C,

$$C = O + r \left[\frac{\sin(O + y)}{d \sin 1''} - \frac{\sin y}{g \sin 1''} \right].$$

Cette formule est générale ; elle donne l'angle C quelle que soit la position du point O par rapport à son sommet ; seulement, il faut remarquer que d et g sont les distances du centre de la station aux signaux de droite et de gauche, que l'angle de direction y est formé par les lignes menées du sommet de l'angle de position au centre de la station et au signal de gauche, et que cet angle est compté à partir de la première droite en allant de gauche à droite.

Lorsque le centre d'une station est inaccessible, et que plusieurs angles ayant ce point pour sommet doivent être mesurés, il faut, pour abréger les opérations, choisir le sommet de l'angle de position de manière que de ce point on puisse voir tous les signaux que l'on doit viser ; alors on n'aura à mesurer qu'une seule distance au centre de la station, et qu'un seul angle de direction ; les autres angles de direction s'obtiendront en ajoutant au premier les angles observés.

153. Pour montrer comment on se sert de la formule précédente pour réduire aux centres des stations les angles d'une triangulation, supposons que cette triangulation se réduise à un triangle ABC (*fig.* 95, *Pl. V*), que les points B et C étant inaccessibles, les sommets des angles de position soient les points B' et C', que les angles observés soient

$$BAC = 64° 14' 2'', \quad AB'C = 46° 27' 36'', \quad AC'B = 69° 25' 51'',$$

que les distances des points B' et C' aux centres B et C des stations soient

$$r = 2^m,88, \quad r' = 3^m,29,$$

que les angles de direction soient

$$y = 112° 18' 45'', \quad y' = 197° 32' 24'',$$

et que la base mesurée soit

$$AC = 1385^m,75.$$

On commence par calculer les côtés du triangle ABC comme si les angles observés étaient ceux de ce triangle ; pour çela, on se sert des proportions

$$\frac{AC}{\sin AB'C} = \frac{AB}{\sin AC'B} = \frac{BC}{\sin BAC},$$

qui donnent

$$\log AB = 3,2528019, \quad \log BC = 3,2559310.$$

Ces logarithmes sont fautifs, parce que les angles dont nous nous sommes servis pour les calculer ne sont pas ceux du triangle ABC ; mais comme les différences entre ces angles et ceux du triangle ne sont que de quelques minutes, nous pouvons considérer ces logarithmes comme exacts pour les calculs qui vont suivre.

Nous connaissons maintenant tous les éléments nécessaires pour la réduction des angles ; il suffit de les substituer dans les formules. Voici le type du calcul :

Calcul de l'angle ABC.

$$ABC = AB'C + \frac{r \sin (AB'C + y)}{AB \sin 1''} - \frac{r \sin y}{BC \sin 1''}.$$

Calcul du terme

$$\frac{r \sin (AB'C + y)}{AB \sin 1''},$$

positif, car

$$AB'C + y < 180°.$$

$$\log r \dots \dots = 0,4593925$$
$$\log \sin (AB'C + y) = 9,5587950$$
$$\text{compl} \log AB \dots = 6,7471981$$
$$\text{compl} \log \sin 1'' \dots = 5,3144251$$

$$\log \frac{r \sin (AB'C + y)}{AB \sin 1''} = 2,0798107$$

$$\frac{r \sin (AB'C + y)}{AB \sin 1''} = 120'',17.$$

Calcul du terme

$$\frac{r \sin \gamma}{BC \sin 1''},$$

positif, car

$\gamma < 180°.$

$$\log r \ldots \ldots \ldots = 0,4593925$$
$$\log \sin \gamma \ldots \ldots = 9,9662013$$
$$\text{compl} \log BC \ldots \ldots = 6,7640690$$
$$\text{compl} \log \sin 1'' \ldots \ldots = 5,3144251$$

$$\log \frac{r \sin \gamma}{BC \sin 1''} = 2,5040879$$

$$\frac{r \sin \gamma}{BC \sin 1''} \cdot \cdot = 319'',22$$

$$ABC = 46° 27' 36'' + 120'',17 - 319'',22$$
$$ABC = 46° 24' 16'',95$$

Calcul de l'angle ACB.

$$ACB = AC'B + \frac{r' \sin (AC'B + \gamma')}{CB \sin 1''} - \frac{r' \sin \gamma'}{CA \sin 1''}.$$

Calcul du terme

$$\frac{r' \sin (AC'B + \gamma')}{CB \sin 1''},$$

négatif, car

$AC'B + \gamma' > 180°.$

$$\log r' \ldots \ldots \ldots \ldots = 0,5171959$$
$$\log \sin (AC'B + \gamma') = 9,9993928$$
$$\text{compl} \log BC \ldots \ldots \cdot = 6,7640690$$
$$\text{compl} \log \sin 1'' \ldots \cdot = 5,3144251$$

$$\log \frac{r' \sin (AC'B + \gamma')}{BC \sin 1''} = 2,5950828$$

$$\frac{r' \sin (AC'B + \gamma')}{BC \sin 1''} = 393'',63$$

Calcul du terme

$$\frac{r' \sin \gamma'}{CA \sin 1''},$$

négatif, car

$\gamma' > 180°.$

$$\log r' \ldots \ldots \ldots = 0,5171659$$
$$\log \sin \gamma' \ldots \ldots = 9,4791022$$
$$\text{compl} \log CA \ldots \ldots = 6,8583151$$
$$\text{compl} \log \sin 1'' \ldots \ldots = 5,3144251$$

$$\log \frac{r' \sin \gamma'}{CA \sin 1''} \cdot \cdot = 2,1590383$$

$$\frac{r' \sin \gamma'}{CA \sin 1''} = 147'',58$$

$$ACB = 69° 15' 51'' - 393'',63 + 147'',58$$
$$ACB = 69° 21' 44'',95$$

RÉDUCTION A L'HORIZON D'UNE BASE MESURÉE AVEC LA CHAÎNE SUR UN TERRAIN INCLINÉ.

154. Nous avons indiqué au n° 8 comment il faut opérer pour mesurer avec la chaîne une longueur réduite à l'horizon. Si le terrain a une pente uniforme, et si les mesures doivent être faites avec une grande exactitude, on opère de la manière suivante :

Soit AB la base qu'on a mesurée avec la chaîne et qu'il s'agit de réduire à l'horizon (*fig.* 25, *Pl. II*). On place un graphomètre au point le plus bas A, et l'on dispose le limbe dans le plan vertical de AB, de manière que son diamètre soit horizontal. On parvient à remplir cette dernière condition au moyen d'un fil à plomb qui, dans ce cas, doit pouvoir être appliqué sur le limbe et amené à passer par le centre et par la division de 90°. On marque sur une règle, à partir d'une de ses extrémités A, la distance O′A′ égale à la distance AO du centre du limbe au sol ; on transporte ensuite l'extrémité A′ de la règle au point B, et on la place verticalement en B z : on a

$$BO' = OA ;$$

on vise le point O′ avec l'alidade mobile, et l'arc *ab* du limbe donne l'inclinaison φ de AB sur l'horizon. La base réduite est donc AB cos φ ; on pourra la calculer par logarithmes.

Lorsque les angles φ sont très-petits, leurs cosinus varient très-lentement, et leurs logarithmes diffèrent à peine dans les sept premières décimales. On préfère alors calculer la différence entre la base et sa projection, différence qui est donnée par l'expression

$$2\, AB \sin^2 \frac{1}{2} \varphi$$

La substitution du sinus au cosinus a cela d'avantageux, que lorsque les angles sont très-petits, les variations de leurs sinus sont très-rapides et permettent de tenir compte avec une grande exactitude de l'inclinaison du terrain.

155. On peut aussi réduire la base AB à l'horizon en mesurant la différence BC des cotes des points A et B par rapport à un même plan horizontal; car le triangle rectangle ABC donne

$$AC = \sqrt{(AB + BC)(AB - BC)}.$$

156. On peut encore, pour réduire une base à l'horizon, faire usage de la Table suivante. Cette Table fait connaître, avec quatre décimales exactes, la projection de 1 mètre pour une pente variant par degrés depuis 1 jusqu'à 30 degrés.

DEGRÉ de pente.	PROJECTION DE 1^m.	DEGRÉ de pente.	PROJECTION DE 1^m.
1°	0,9998	16°	0,9613
2°	0,9994	17°	0,9563
3°	0,9986	18°	0,9511
4°	0,9976	19°	0,9455
5°	0,9962	20°	0,9397
6°	0,9945	21°	0,9336
7°	0,9925	22°	0,9272
8°	0,9903	23°	0,9205
9°	0,9877	24°	0,9135
10°	0,9848	25°	0,9063
11°	0,9816	26°	0,8988
12°	0,9781	27°	0,8910
13°	0,9744	28°	0,8829
14°	0,9703	29°	0,8746
15°	0,9659	30°	0,8660

Veut-on, par exemple, réduire à l'horizon une base de 157^m,75 pour une pente de 11°30'? On prendra la moyenne entre 0,9816 et 0,9781 : cette moyenne est 0,97885, et l'on multipliera par ce nombre 157^m,75. Voici le type du calcul :

Pour	100^m,	0,97885 × 100	97,89
—	50^m,	0,97885 × 50	48,95
—	7^m,	0,97885 × 7	6,85
—	0^m,7	0,97885 × 0,7	0,68
—	0^m,05	0,97885 × 0,05	0,04

Base réduite à l'horizon.... 154^m,41

RÉDUCTION DES ANGLES A L'HORIZON, DANS LE CAS OU CETTE RÉDUCTION N'EST PAS FAITE PAR L'INSTRUMENT LUI-MÊME.

157. Quand les angles ne sont pas situés dans le plan horizontal mené par le lieu de l'observateur, et que les lunettes de l'instrument dont on se sert restent constamment parallèles au limbe, comme dans les anciens cercles répétiteurs, les angles doivent être réduits à l'horizon de leurs sommets respectifs. Les éléments de cette réduction sont les angles b, c formés avec la verticale OO′ par les rayons visuels OP et OQ dirigés vers deux points fixes P et Q (*fig.* 26, *Pl. II*), et l'angle a formé par ces rayons visuels.

Si l'on imagine une sphère décrite du point O comme centre, avec l'unité pour rayon, elle sera coupée par les trois faces de l'angle trièdre en O, suivant un triangle sphérique ABC, dont les côtés seront précisément les angles observés a, b, c; tandis que l'angle P′O′Q′, qu'il faut trouver, est égal à l'angle A du triangle sphérique. En désignant donc par $2p$ le périmètre $a + b + c$, l'angle A pourra se calculer par la formule

$$\cos \tfrac{1}{2} A = \sqrt{\frac{\sin p \sin (p - a)}{\sin b \sin c}}.$$

Type du calcul.

$$a = 29° 35', \quad b = 79° 25', \quad c = 84° 30'.$$

$$\cos \tfrac{1}{2} A = \sqrt{\frac{\sin p \, \sin (p - a)}{\sin b \, \sin c}}.$$

$p = 96° 45'$,	$\tfrac{1}{2} \log \sin (83° 15')$	4,9984896
$180 - p = 83° 15'$,	$\tfrac{1}{2} \log \sin (67° 10')$	4,9822801
$p - a = 67° 10'$,	comp $\tfrac{1}{2} \log \sin (79° 25')$	5,0037267
	comp $\tfrac{1}{2} \log \sin (84° 30')$	5,0010020

$$\log \cos \tfrac{1}{2} A \dots\dots\dots\dots \quad 9,9854984$$

$$\tfrac{1}{2} A \dots\dots\dots\dots \quad 14° 43' 30''$$

$$A = 29° 27'$$

USAGE DE LA PLANCHETTE ET DE LA BOUSSOLE POUR LE LEVÉ DES DÉTAILS.

158. La planchette dont nous avons indiqué l'usage pour les levés d'une étendue très-limitée, peut être employée pour compléter la carte d'un pays dont on a fait le canevas principal. Dans l'hypothèse admise n° 143, la carte est partagée en plusieurs feuilles, sur chacune desquelles on a rapporté les sommets des triangles principaux par la méthode des coordonnées, et les directions de leurs côtés relativement à la méridienne principale. Ces feuilles, divisées en carrés, sont collées sur des planchettes, et confiées à autant de topographes chargés d'y rapporter les points que le canevas embrasse. Chaque opération particlle s'exécutera par l'un ou l'autre des deux procédés que nous avons fait connaître (n^os **42, 43**), après avoir mis la planchette en station en l'un des points du réseau marqués sur la feuille. Mais ces deux méthodes exigent que le terrain soit découvert, et l'on est souvent dans l'obligation d'employer la méthode suivante, nommée *méthode du cheminement.*

Soit ABCDE le polygone dont on veut faire le levé (*fig.* 22, *Pl. I*). On met la planchette en station au point

A, et l'on construit à l'échelle adoptée le triangle *bae* semblable au triangle BAE du terrain. De là on transporte la planchette au point B, on la met en station en ce point, et l'on construit encore un triangle *abc* semblable au triangle ABC, et ainsi successivement jusqu'à ce qu'on ait stationné à tous les sommets.

DÉCLINATOIRE. — BOUSSOLE.

159. L'aiguille aimantée peut être employée, soit pour orienter la planchette (*déclinatoire*), soit pour la remplacer dans la mesure des angles et dans les opérations topographiques secondaires (*boussole des levés*).

Dans le premier instrument, l'aiguille est disposée dans une boîte rectangulaire dont le fond est divisé par une ligne parallèle au long côté de la boîte. Cette ligne passe par la projection du centre de l'aiguille; on l'amène au-dessous des deux pointes de l'aiguille quand on veut obtenir la direction de la méridienne magnétique.

Pour orienter la planchette à l'aide du déclinatoire, on opère comme nous venons de l'indiquer ; on met la planchette en station en A, on pose le déclinatoire sur la tablette, on le fait tourner jusqu'à ce que la ligne de repère soit au-dessous des deux pointes de l'aiguille, et l'on trace une ligne suivant le côté de la boîte. Cette ligne donne la méridienne magnétique.

Lorsque la planchette est transportée dans un autre lieu, on place la ligne de foi du déclinatoire sur la méridienne magnétique, et, par un mouvement de rotation imprimé à la planchette, on amène la ligne de repère à coïncider avec la direction de l'aiguille. La planchette est alors parallèle à sa première position.

160. La *boussole des levés* (*fig.* 51. *Pl. III*) consiste en

une aiguille aimantée mobile au moyen d'une chape en
agate et d'un pivot dans une boîte carrée, dont le fond est
garni d'un cercle en cuivre divisé en degrés. La ligne 0°, 180°
de la division est parallèle à l'un des côtés de la boîte qui
prend le nom de ligne de foi. Une petite lunette ou une alidade à visière est placée le long de la ligne de foi, et peut
se mouvoir autour d'un axe perpendiculaire à sa direction.

La boussole est portée par un trépied auquel elle est
jointe par un genou semblable à celui du graphomètre.
Elle est munie, en outre, d'un niveau à bulle d'air.

161. Pour mesurer la distance angulaire de deux points
A et B (*fig.* 23), on place la boussole de manière que la
boîte soit horizontale et que le centre O soit sur la verticale du sommet de l'angle, ensuite on la fait tourner autour de son centre jusqu'à ce que l'axe optique de la lunette
passe par le point A. L'aiguille aimantée prend alors sa direction et indique une division α du limbe ; on fait tourner de nouveau la boîte jusqu'à ce que l'axe optique de la
lunette passe par le second point B, l'aiguille qui a con-
servé la même direction absolue coïncide avec une division
θ du limbe, l'angle $\theta - \alpha$, ou $\alpha - \theta$ est égal à l'angle
AOB à une petite différence près qui tient à l'excentricité
de la lunette.

162. La boussole peut remplacer la planchette ; elle fait
trouver les éléments des figures que l'on construit immédiatement avec celle-ci. Les méthodes sont les mêmes.

Méthode du cheminement. — Le sommet A et un point
trigonométrique M (*fig.* 18, *Pl. I*) sont projetés sur la
feuille d'épure. Le point M et les sommets du polygone que
l'on veut relever sont signalés par des jalons.

La boussole est mise en station en A, son centre sur la
verticale de ce point. Du point A on observe le point B
en tenant compte, s'il est utile, de l'excentricité de la lu-

nette, on note l'angle marqué sur le limbe par la pointe nord de l'aiguille aimantée, on dirige la lunette vers M, on note encore l'angle *f* marqué sur le limbe par la pointe nord de l'aiguille, et on en conclut l'angle BAM qu'on enregistre ; on mesure à la chaîne le côté AB, et l'on se transporte en B où l'on recommence les mêmes opérations pour les points M, C, A. Cette dernière détermination est destinée à servir de vérification à la première. On continue ainsi à lever les angles et les côtés du polygone, et l'on peut facilement le construire d'après les données inscrites dans le registre.

163. *Méthode des intersections.* — On met encore la boussole en station au point A (*fig.* 18, *Pl. I*), son centre sur la verticale de ce point. On observe B, C, D, E, on note les angles marqués par la pointe de l'aiguille sur le limbe ; on mesure AB, on se transporte au point B, on y met la boussole en station, et l'on recommence à viser les points A, C, D, E : on obtient ainsi les angles à la base des triangles qui déterminent les sommets du polygone par rapport à la base AB.

Les opérations du levé à la boussole, d'après la méthode des intersections, se vérifient par d'autres observations faites sur les mêmes points. On prendra par exemple un point F sur la base AB, et de ce point on visera aux sommets C, D, E ; si l'on a bien observé dans la première opération, les rayons de la seconde opération passeront par les points déjà déterminés.

NOTE SUR L'ARPENTAGE.

Les méthodes que nous avons développées dans le texte ne s'appliquent qu'aux terrains sensiblement horizontaux. Lorsque le terrain est incliné, les arpenteurs déterminent sa superficie par deux méthodes qu'ils ont appelées : la première, *méthode par développement* ; la seconde, *méthode par cultellation*. Ces deux méthodes devront être appliquées concurremment, quand on voudra se rendre bien compte de la puissance productive d'un sol, selon les différents genres de cultures auxquels il pourra être approprié.

La *méthode par développement* consiste à mesurer la superficie réelle ou effective du terrain comme nous l'avons indiqué pour tous les cas relatifs aux superficies horizontales. Le procédé de la décomposition en triangles ou le procédé de la décomposition en trapèzes peuvent être indifféremment appliqués.

Dans la *méthode par cultellation*, on se propose d'évaluer l'étendue de la projection horizontale du terrain. Il est convenable, dans ce cas, de décomposer le terrain en trapèzes dont les bases soient horizontales. On mesurera à la chaîne ces horizontales, et l'on prendra les longueurs réduites à l'horizon de leurs perpendiculaires (lignes de pente du terrain). On aura ainsi, par le mode de calcul que nous avons fait connaître dans le texte, la superficie de la projection du terrain sur un plan horizontal, ou, si l'on veut, sur une suite de plans horizontaux disposés en gradins.

La superficie du sol ainsi évaluée prend, dans le langage des arpenteurs, le nom de *base productive* du terrain.

Cette dénomination nous paraît manquer d'exactitude, en ce qu'elle ne tient pas compte de la nature des plantes que le sol produit. Ainsi elle sera exacte, si les plantes ont une racine simple qui s'enfonce verticalement dans le sol sans se ramifier dans des directions diverses; elle serait inexacte, si la racine de la plante, au lieu de s'enfoncer verticalement, s'étale et rampe à la surface du sol, ou même si la racine, quoique *pivotante*, jette des racines secondaires dans des directions différentes, comme les racines des arbres, par exemple, et celles des céréales.

FIN.

Pl. I.

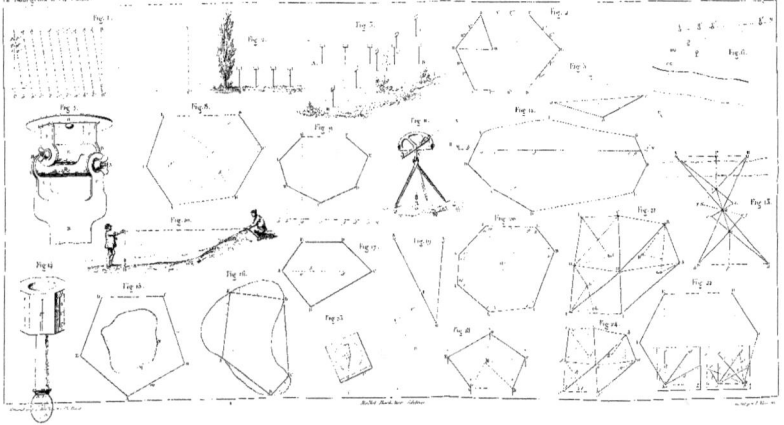

Pl. II

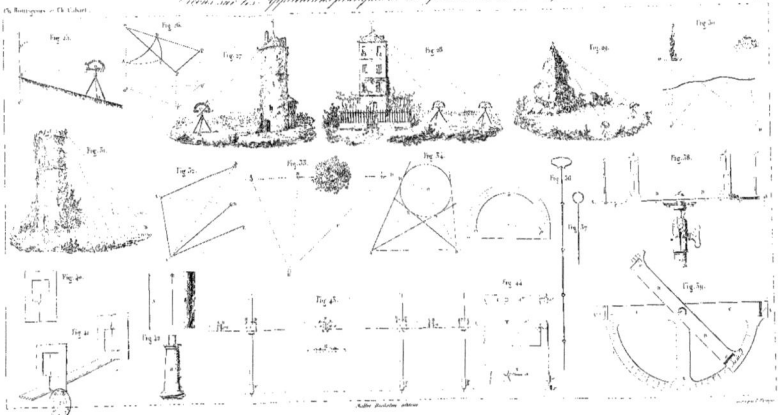

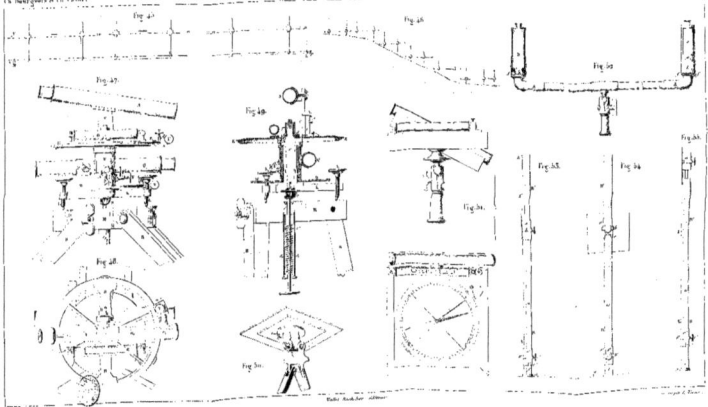

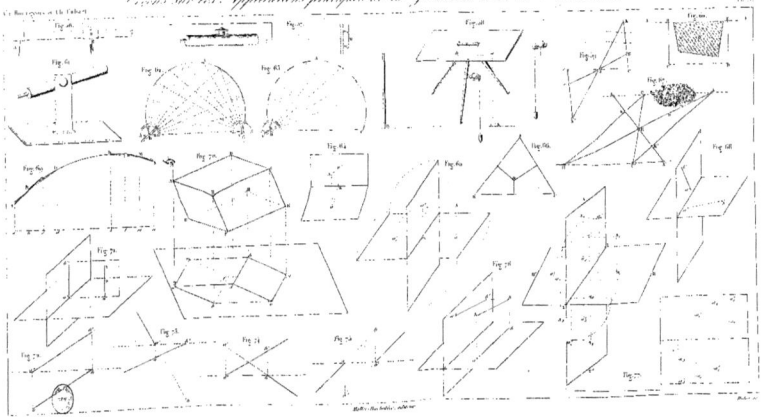

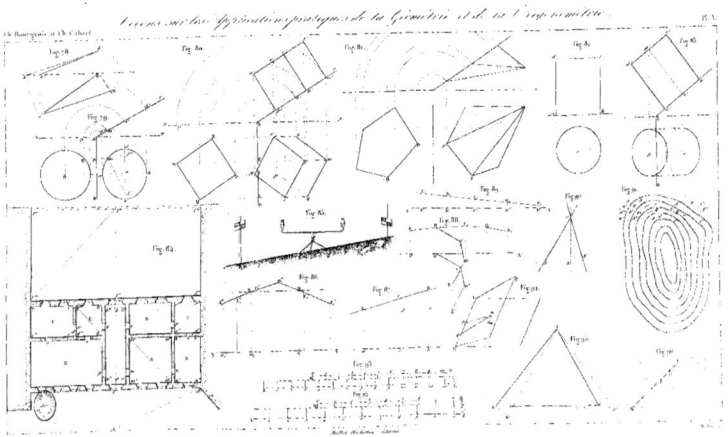